JN299759

ゲーデルに挑む

証明不可能なことの証明

田中一之［著］

東京大学出版会

Reading Gödel: A Proof of Unprovability
Kazuyuki TANAKA
University of Tokyo Press, 2012
ISBN978-4-13-063900-2

はじめに

　本書は，今日「不完全性定理」として広く知られているロジック（数学基礎論）の基本的事実について，24歳の青年ゲーデルがはじめてその発見を公表した画期的論文（1931年）を数学的に正しく味読するためのガイドブックです．

　ゲーデル生誕100周年にあたる2006年からその翌年にかけて，東京大学出版会から『ゲーデルと20世紀の論理学（ロジック）』[11]という全4巻のシリーズを刊行しました．その影響がどれほどあったかはわかりませんが，刊行開始当時には日本のマスコミでほとんど話題にされることのなかったゲーデルや不完全性定理が，ここ数年の間に小説やマンガの主題になり，日常的にもそれらの名を耳にする機会が目立ってふえました．と同時に，ゲーデルの定理に関する誤った情報も蔓延してきています．そこで昨年は，この定理の誤解や誤用を多数の実例を挙げて批正した故フランセーンの労作[10]を訳出しましたが，誤解の根っこはまだいたるところにあるようです．

　そもそもゲーデルの定理は，どんな主張でしょうか？　じつは，専門家の間でも答えは一致しません．最近でこそ，ゲーデルの定理を「不完全性定理」と呼ぶことが多くなっていますが，原論文には一般的な形式体系が不完全であることを主張する定理はなく，「不完全性定理」という呼び名は1960年代くらいから欧米の教科書で使われ始めたものです．ゲーデルが示したことは，やや特殊な（と思われる）形式体系 P をもとに，やや人工的（と思われる）条件（再帰性，ω 無矛盾性など）を課しながらいくら公理を拡充していっても，必ず決定不能（証明も反証もできない）算術命題が存在するというものです．しかし，この結果と証明法は当初の理解を超えて一般性をもつこと

がロジックの発展とともにわかってきました.

くり返しますが,本論文が書かれた時点では,完全な形式体系の存在は完全には否定されていなかったのです.このことを一番強く感じていたのはゲーデル本人のはずで,それゆえにこの論文を「第 I 部」として発表したのです.結局,第 II 部以降は発表されていませんが,その理由は原論文の脚注 68a と附記で述べられています.このように時代背景によって意味合いが変わってくる定理なので,現代でも多様な解釈ができて,誤解が生じやすいのも宿命かもしれません.

しかし,もっと大きな問題は,これだけ話題性がある発見にもかかわらず,原典を数学的に読みこなせている人がほとんどいないことです.原論文はウィーンの学術雑誌に発表された研究報告で,一般向けの読み物ではありません.この論文に限らず,門外漢が数学の専門誌を自力で読むには相当な困難を伴うはずです.ですから,この論文を読むためのガイドブックが必要だったのですが,そのようなものは,まったくありませんでした.ロジックの教科書で不完全性定理を扱うものはふえていますが,それらはゲーデルの証明をそのまま解説するものではなく,証明をアレンジして原論文の難所を迂回する工夫がなされているため,原論文の読破には意外に助けにならないものです.原論文のままで証明を理解するにはいろいろなコツが必要で,そういうところは専門家から秘訣を授かる以外に通り抜けようがないと思われます.読者によって難所も変わってくるでしょうけれど,本書には私が師たちから伝受したり,自ら考案したりした秘技を余すところなく収録しましたので,それぞれに役立てていただければ幸いです.

本書において,網掛け,つまり灰色の背景で示しているのが原論文(の私訳)で,それ以外の部分は解説です.読みやすさのため,原則として原文を 5–10 行程度に区切って各ページの上段に示し,それについての解説をその下に置きました.ほとんどの解説は原文についての数学的説明ですが,独立して読める 1–2 ページのコラムや,要点をまとめた表や図も適宜挿入してあります.また訳出に関しては,数学的にわかりやすい文章にすることを最優先としました.すでにある程度ロジックの知識がある人は,まず網掛け部分(原論文)をなるべく自力で読んでみて,必要な解説だけをみていただくのがよ

いでしょう．

　いずれにしても，本書を読みすすめるにはある程度の苦行が伴うことは覚悟してください．初めてピアノの教本を開いた人がたちまちプロのように弾けるはずがないように，初心者が本書を初見ですらすら理解することは絶対に不可能です．計算用のノートとペンを側に用意し，自分の手で計算を確かめながら，一歩一歩進むしかありません．正直にいうと，毎年10人くらいの人に本書を完読していただけるならば，私のミッションは成功だと考えています．何万人もの人に気楽に読んでいただけるような書き方はしていませんので，一読してわかった気になりたい人には他書をお薦めします．

　ゲーデルの原論文（日本語訳ですが）を読む醍醐味は，この青年数学者が奏でる論理の旋律をライブ感覚で賞翫(しょうがん)することにあると思います．ですから，すべてのステップを完璧に理解できなくても，本論文を貫く彼の厳密さへのこだわりや，そこにつぎつぎと織り込まれていく奇抜な発想，そういう型破りな議論の面白さを随所に感じていただければ，それも原論文に挑むことの大きなメリットに違いありません．本書によって，ロジックの愉しみを分かち合える人が一人でもふえてくれれば，著者として，この分野の研究に携わるものとして，幸甚の至りです．

仙台にて　著者

目 次

はじめに .... *iii*

序　ゲーデルと不完全性定理 *1*

原論文訳・解説 *13*

原論文第 1 節 *15*
概要

原論文第 2 節（その 1） *39*
体系 P，ゲーデル数，再帰的関数

原論文第 2 節（その 2） *67*
メタ数学の再帰的表現

原論文第 2 節（その 3） *93*
第一不完全性定理

原論文第 3 節 *113*
1 階算術への還元

原論文第 4 節 *135*
第二不完全性定理

原論文の引用文献 *145*

補遺 *149*
    A.1 1 階算術と論理式の階層 *151*
    A.2 計算可能性理論 *154*
    A.3 1 階算術の形式体系 *160*
    A.4 文献案内 *167*

おわりに *171*

索 引 *175*

序
ゲーデルと不完全性定理

これはわたしではない！

わたしはわたしではない？

この序では，不完全性定理に関する原論文が生まれた背景とゲーデル自身によるその証明の概略について説明します．タブラ・ラーサ（白紙）で原論文に臨みたいという方は，ここを飛ばして先にお進みください．逆に，もっと詳しい背景を知っておきたいと思われる方は，拙編シリーズ『ゲーデルと20世紀の論理学』[11]，とくに第1巻と第3巻の序をあわせてご一読いただければ幸いです．

ゲーデルの原論文は1930（昭和5）年に書かれ，翌年公表されました．どの学問分野もたいがいそうだと思いますが，学生や研究者が直接手にとって読む論文は，せいぜい二，三十年くらい前までのもので，それより古い仕事は教科書や解説本で加工された形で学ぶのが一般的です．ましてや第2次世界大戦前の結果となると，教科書の書き手さえ古い教科書で勉強しただけで，現物をみていないこともあると思います．ゲーデルの定理は，すでにそういう伝説の中にあって，伝言ゲームのように意味内容を変化させながら語り継がれているのです．

原論文の正式な題名は，「『プリンキピア・マテマティカ』およびその関連体系における形式的に決定不能な命題について I」といいます．詳しくは次節で説明しますが，ここでひとつだけ注意しておきたいのは，「不完全性」という語がタイトルにも，そしてじつは本文にも（脚注48aの1カ所を除いて）現れないことです．もしこの論文の主定理を当時の感覚で命名するなら，「決定不能性定理」と呼ぶのが一番妥当だと思われますし，実際過去にはそう呼ばれていたこともありました．しかしながら，いくつか定番の教科書を振り返ると，ヒルベルトとベルナイス（第2巻，1939）[1]では「ゲーデルの導出不能性定理」，クリーネ (1952) [19] は単に「ゲーデルの定理」，そしてシェーンフィールド (1967) [21] で「不完全性定理」というように呼び名が変わっています．ここで強調しておきたいのは，この定理が状況に応じて名前を変えたのではなく，この定理がロジックを深化させ，自らへの認識を変えさせてきたということです．私たちは，その原典に取り組むことによって，本来の定理がどんなものであったかを確認し，そこに現代ロジックの種々の概念の源を見いだすだけでなく，まったく新しい知が生まれようとする胎動を体感することになります．

さて，ゲーデルはこんな顔の人です．丸いメガネが特徴的だと思いまして，生誕100年を記念したシリーズ『ゲーデルと20世紀の論理学』[11] の刊行の際も，その丸メガネをトレードマークに使いました．

クルト・ゲーデル　Kurt Gödel (1906–1978)

1906年　オーストリア＝ハンガリー二重帝国モラヴィア地方の中心都市ブリュンに生まれる

1930年　「完全性定理」の論文により，ウィーン大学から博士号取得

1931年　「不完全性定理」の論文を発表

1938年　「連続体仮説」の相対無矛盾性を証明

1940–1976　プリンストン高等研究所に在籍

1978年　逝去

　ゲーデルは，1906年モラヴィアの都市ブリュン（チェコ名ブルノ）に生まれました．当時，モラヴィアはオーストリア＝ハンガリー帝国の一地域だったのですが，第1次世界大戦の後（1918年）に二重帝国は解体し，新しく建国されたチェコスロバキアの一部になりました．したがって，ゲーデルは戸籍上チェコ人になったわけですが，チェコ語は話さず，ブリュン内では多数派のドイツ系住民に属して，ドイツ語で生活していました．ブリュンから，やはりドイツ語圏のオーストリアの首都ウィーンまでは，100 km程度しか離れておらず，電車でも1，2時間で行けます．それで，ギムナジウム（高校）を卒業したクルトは実兄ルドルフに続いて，1924年にウィーン大学に入学しました．
　最初は物理学を勉強しようと思っていたゲーデルですが，物理学から数学へ，数学から論理学へと，より基礎的な学問に興味を移していきました．そ

して 1930 年にいわゆる「完全性定理」を証明した論文によって，ウィーン大学から博士号を取得しました．また，1929 年には父が亡くなり，家族でオーストリアに帰化しています．

1930 年，ゲーデルは「完全性定理」に関する学会発表を準備しながら，「不完全性定理」のアイデアを得ました．完全性定理は「1 階（述語）論理」と呼ばれる論理装置が完璧であることを主張するものですが，不完全性定理はその論理装置をもとにしても自然数論の完璧な形式化はできない，というものです．2 つの定理は名前だけみると相反する内容を主張しているようですが，一方は論理について，他方はその論理の上の算術についての定理です．詳しい内容はあとでまた説明します．

それから約 10 年間，ゲーデルの主たる関心事は，実数がどれくらいたくさん存在するかという，集合論の問題（カントルの連続体仮説）でした．これに 1 つの部分的解決を与えたのが 1938 年頃の仕事で，上の 2 つの定理とあわせて，この 3 つがゲーデルのとくに重要な仕事と考えられています．その後，1940 年にアメリカに移住して，プリンストン高等研究所に職を得，1976 年まで在籍しました．その間は，「ダイアレクティカ解釈」として知られる算術の無矛盾性証明や，タイムトラベル可能な宇宙を表す重力方程式の解の発見，それからライプニッツやフッサールの哲学の研究など，多方面に興味を広げています．そして 1978 年，一度もヨーロッパに帰らないまま，プリンストンで永眠しました．

では，1931 年に発表した論文でゲーデルが得た結果がどんな内容だったかみてみましょう．厳密にいうと，「不完全性定理」はまだ完成していなかったと上に述べました．定理の一般形は，1963 年の英語版の附記（p.143 参照）でゲーデル自身がつぎのように記しています．

不完全性定理（1963 年版）

ある程度の有限的算術を含むどんな無矛盾な形式体系にも決定不能な算術命題が存在し，さらにそのような体系の無矛盾性はその体系においては証明できない．

この定理を「決定不能な算術命題が存在する」という前半部と，「無矛盾性はその体系においては証明できない」という後半部に分け，前半を第一不完全性定理，後半を第二不完全性定理と呼ぶのが現在の通例です．それらは，原論文の定理 VI と XI にそれぞれ対応しています．

ここで，ゲーデルがこの定理を発見した時代背景，つまり 1920 年代における数学の基礎についての研究状況を概観しておきましょう．当時，この研究領域のバイブルだったのが，ホワイトヘッドとラッセルによる『プリンキピア・マテマティカ』[24]（以下，プリンキピアと略す）です．これは全 3 巻 2000 ページにおよぶ大著で，初版が 1910–13 年に，第 2 版が 1925–27 年に出版されています（p.21 コラムを参照）．数学全般の論理的基礎を与えるためにつくられたプリンキピアですが，未完成の部分も多く，ゲーデルは形式的な意味で完成度を上げた簡易システム P を導入して，厳密な議論を展開しています．しかし，プリンキピアは原論文のタイトルの一部にもなっていることからわかるように，ゲーデルの証明の着想において重要なものでした．

プリンキピアが扱うのは一種の集合論ですが，論理と集合が渾然一体になった複雑な形式体系で，そこから論理のエッセンスを抜き出して述語論理（関数計算）として定式化したのが，ヒルベルトとアッケルマンによるコンパクトな本『記号論理学の基礎』(1928) [17] です．そして，この本で提起された問題である，狭義の述語論理（1 階論理）の完全性を証明したのがゲーデルの博士論文でした．不完全性定理の論文で導入された体系 P もヒルベルトらの述語論理に影響されていますが，それより重要なことはこの論文におけるメタ数学的議論が意識的にヒルベルトの形式にあわされていることです．

プリンキピアはラッセルの論理主義を実現するためのものですし，ヒルベルトの述語論理はいわゆる「ヒルベルトのプログラム」（後述）と切り離せないものです．しかし，ゲーデルにとって，ラッセルやヒルベルトの哲学が研究の動機だったわけではなく，そこから生まれたアイデアや問題に数学的な興味をもって研究を進めるうちに，図らずもヒルベルトのプログラムを覆すような発見をしてしまったということでしょう．実際，ゲーデルが得た不完全性定理の初期バージョンはヒルベルトのプログラムとの関係が希薄でしたし，最終バージョンでさえそれを完全に否定する結果にはなっていないと自

らも述べています (p.141 参照).

それでも,ゲーデルの論文を理解する上で,ヒルベルトのプログラムの概容を知っておくことは有意義です.私たちが扱う数学は,小学校の算数のようなものを除けば,イデアール (ideal,「理想的」) な世界を対象としており,無限の概念を自由に扱い,排中律 ($A \vee \neg A$) を用い,選択公理 (空でない集合から要素を選び出す関数の存在を主張する) のような非構成的な仮定も容認されます.しかし,このような議論を無制限に用いるとパラドックスが生じることもわかっています.たとえば,「自分自身を要素として含まないような集合」全体の集合 R を考えると,R が R に属するとしても,属さないとしても,矛盾が生じます.これは,ラッセルのパラドックスとして有名です.もっとも,こういう例はきわめて人工的で特殊であり,イデアールな数学もふつうに使われる範囲ではパラドックスを生じることはなく,まさにそのことに保証を与えようとするのが,ヒルベルトのプログラムです.ヒルベルトは絶対安全なレアール (real) な数学 (「有限の立場」つまり算数) を定め,イデアールな数学をそこに還元することでその安全性を保証しようとしました.レアールというのは,有限的で,手にとって扱える感じです (下の図で,イデアールな数学を雲のように描いているのは,それが不確実とかあいまいとかいう意味ではまったくなく,有限的には捉えにくいことを表すものです).

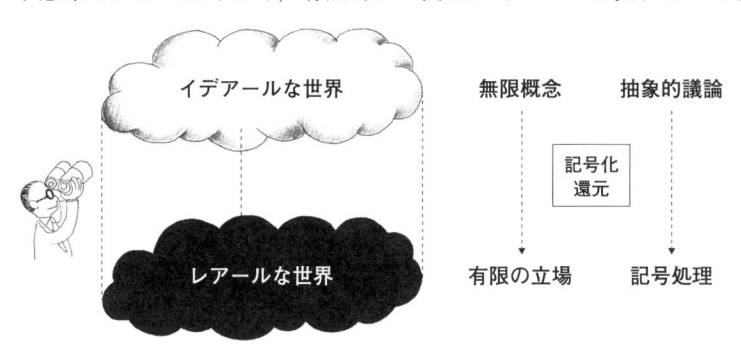

当時プリンキピアの体系や公理的集合論が定式化され,それらの上で数学全体を展開する見通しもついてきたので,イデアールな数学をレアールな数学に還元することは,確実に完成に向かっているようにみられていました.

─── ★ ヒルベルトのプログラム (HP) ★ ───

　ヒルベルトは，数学を，知的営みの基盤としての算数と，それ以外の抽象数学に二分し，前者を「レアールな数学」，後者を「イデアールな数学」と呼んだ．レアールな数学は有限的で，有意味で，確実性が疑い得ないものである．対して，イデアールな数学は無意味で不確実かもしれないが，レアールな命題を導出するのに時として有用な道具になる．この考え方を一般に「道具主義」といい，たとえばヒルベルトのハンブルグ・セミナーの講義録 (1928) で主張されている（[18] 第 IV 部参照）．しかし，道具の安全性はいかに確保されるだろうか？　イデアールな数学が，偽のレアールな命題を導くことがないとどうしてわかるのか？　ヒルベルトは，イデアールな数学を完璧に記号化することでレアールな数学に還元し，この哲学的問題を形式体系の無矛盾性という有限組合せ問題として扱おうとした．当時，ほとんどの数学を包括し得るプリンキピアの体系や公理的集合論の定式化が着々と進んでいたので，その記号化を徹底的に行うだけでこの計画はすぐ完成するように思われた．

　ところが，それらの形式体系をどのように拡充してもけっして完全にはできないこと（第一不完全性定理）をゲーデルが証明し，さらには形式体系が矛盾していないという事実はレアールな命題で表現できるにもかかわらず，レアールな数学においてはもちろんそのような体系自身でも導けないことを彼は証明した（第二不完全性定理）．また，ゲーデルの論文は，論理式の真偽判定アルゴリズムを求めるいわゆる「決定問題」に対しても，ほぼ否定的な答えを出したことになるが，これに厳密な証明を与えたのはチャーチとチューリングである．

しかし，算術を含んだ数学の完全な公理化は不可能であること（第一不完全性定理）と，いかに形式化してもその無矛盾性証明はレアールな立場では実行不可能であること（第二不完全性定理）をゲーデルが証明し，ヒルベルトの計画は道をふさがれてしまうのです．

では，ゲーデルがどうやって彼の定理を証明したのか，簡単にみてみましょう．つぎに示す証明は，ゲーデル自らが一般の人びとに向けて説明するために考案したとされるものです．ゲーデル全集 [13] の第 III 巻 30–35 ページに収められた遺稿 (1931–34) の議論を少し手直してあります．

第一不完全性定理の証明の概要

- 自然数の変数 x をもつ論理式を並べあげる：

$$\varphi_1(x), \varphi_2(x), \ldots, \varphi_n(x), \ldots$$

- 「$\varphi_x(x)$ は証明不可能である」という論理式 $K(x)$ を考えると，これも上のリストに現れる．すなわち，ある k が存在して，

$$K(x) \equiv \varphi_k(x).$$

- 論理式 $K(x)$ の変数 x に k を代入して，文 G を $K(k)$ と定義すると，これは「$\varphi_k(k)$ は証明不可能である」を意味する．すなわち，G は「G は証明不可能である」と同値である．

- いま，真なる文のみを証明する（健全な）形式体系を考えていると仮定する．このとき，

    G が証明可能 $\Rightarrow$ G は真 $\Rightarrow$ G は証明不可能 $\Rightarrow$ 矛盾，
    G の否定が証明可能 $\Rightarrow$ G の否定が真 $\Rightarrow$ G は証明可能 $\Rightarrow$ 形式体系が矛盾．

- 形式体系が矛盾していない限り，G と G の否定はどちらも証明不可能である．

少し説明を加えておきます．まず，自然数の変数 x に関する論理式を全部並べあげます．そのような論理式は，たとえば，「x は偶数である」とか，「x は正である」とか，「x は 14 より大きい」とかいう内容を表す記号列ですが，それらを $\varphi_1, \varphi_2, \varphi_3, \cdots$ のように並べ上げます．記号の種類が有限個（あるいは可算無限個）であれば，その有限列としての論理式も可算個です．このことは本文で説明しますので，とりあえず事実として認めてください．これが第 1 のステップです．

次に「$\varphi_x(x)$ は証明不可能である」という論理式 $K(x)$ を考えます．たとえば $\varphi_1(x)$ が「x が偶数である」とすると，$\varphi_1(1)$ は「1 は偶数である」になります．そして，「$\varphi_1(1)$ は証明不可能である」というのは，「「1 は偶数である」が証明できない」ということですから，$K(1)$ は正しそうな主張です．つぎに，$\varphi_2(x)$ が「x が正である」ならば，$\varphi_2(2)$ は「2 は正である」ですから，$K(2)$ は「「2 は正である」は証明不可能である」という主張となり，これは正しそうではありません．

このように定義される論理式 $K(x)$ も x についての論理式なので，上の論理式のリスト $\varphi_1(x), \varphi_2(x), \varphi_3(x), \ldots$ のどこかに現れるはずです．つまり，ある k が存在して，$K(x) \equiv \varphi_k(x)$ となります．この x のところにその k を代入した論理式 $K(k)$，つまり $\varphi_k(k)$ が，「ゲーデル文」と呼ばれるもので，以下では G で表します．K の定義から，G は「$\varphi_k(k)$ は証明不可能である」という主張になり，$\varphi_k(k)$ は G そのものですから，G は「G は証明不可能である」という意味をもっています．正確にいえば，G と「G は証明不可能である」とが論理的に同値であること，つまり同じ真偽値をとることがいえるだけでそれ以上の具体的な意味を論理式がもつことは形式的に述べられません．

もしゲーデル文 G が証明可能であるとすると，ふつうの（健全な）体系であれば証明できる文は真になりますから，G は真です．しかし，G が真だとすると「G は証明不可能である」ことになるので，G は証明可能であるという最初の仮定に反します．つまり，G は証明可能ではありません．

逆に G の否定が証明可能であるとします．すると同じく，G の否定が真であることになります．G の否定は，G が証明可能であることです．すなわ

ち，G も G の否定も証明可能ですから，この体系は矛盾していることになります．

　以上から，真なる文のみを証明する健全な形式体系には，証明も反証もできないような命題があることがわかりました．しかし，これは証明のアイデアにすぎませんので，ここから発想を広げすぎると危険であると注意しておきます．このようなアイデアをもとに第一不完全性定理がいかに数学的に証明されるかをみていくのが，この本の目的です．

　最後に，ゲーデル自身による原論文の要約を載せておきます．これは，本論文の雑誌発表に先立ち，1930 年にウィーン科学アカデミー紀要に掲載されたもので，題名は「完全性と無矛盾性に関するいくつかのメタ数学的結果」です．使われている用語などは，あとで本文で説明しますので，ここではおおよその論旨だけ眺めておいてください．なお，$\bar{A}$ は「A の否定」を表します．

　定理Ⅰで使われている「完全でない」の「完全」の原語は entscheidungsdefinite で，まだ「決定可能」に近いニュアンスをもっています．ちなみに，現代のドイツ語で「(不) 完全」は (un)vollständig です．この要約は本論文ができあがったあとで書かれたはずで，原論文が決定不能な「命題」を主題にしていたのに対し，これは不完全な「体系」の説明になっており，ゲーデルの関心が決定不能性から不完全性へとシフトしつつあるのがみてとれます．

[完全性と無矛盾性に関するいくつかのメタ数学的結果]

ペアノの公理に『プリンキピア・マテマティカ』[1)](ただし，自然数を個体として扱う．)の論理と（すべての型に対する）選択公理を加えると，以下の定理が成り立つ形式体系Sが得られる．

I. 体系Sは完全でない．すなわち，A も $\bar{A}$ も証明可能でない命題 A がある．(実際，そのような命題を具体的に提示することができる．)とくに，(自然数の決定可能な述語 F に対してでも) $(Ex)F(x)$ という簡単な構造をもつ決定不能問題がSに含まれる[2)]．ここで，x は自然数の上を動く．

II. メタ数学に『プリンキピア・マテマティカ』の論理的な仕組みのすべて（とくに広義の述語論理と選択公理）を認めてもなお，体系Sの無矛盾性証明は存在しない．（証明手法に何か制限を加えれば，なおさらない．）だから，体系S自身で形式化されないような推論様式を用いない限り，体系Sの無矛盾性証明は実行できない．同様なことは，ツェルメロ＝フレンケルの公理的集合論のような，他の形式体系についてもいえる[3)]．

III. 定理Iは，つぎのように改良できる．体系Sに有限個の公理を付け加えても，(あるいは，有限個の公理から「型上げ」で得られる無限個の命題を付け加えても)，拡張した体系が ω 無矛盾である限り，完全な体系を得ることはない．ここで，体系が ω 無矛盾であるとは，どんな自然数の述語 $F(x)$ についても，$F(1), F(2), \ldots, F(n), \ldots$（以下無限に続く）と $(Ex)\bar{F}(x)$ が同時に証明されることはない．（体系Sの拡張で，無矛盾だが，ω 無矛盾でないものが存在する．）

VI. 定理Iは，体系Sに無限個の公理を追加してできる ω 無矛盾な拡張についても，追加公理の集合が決定可能であれば，すなわち任意に与えた論理式が公理であるか否かをメタ数学的に判定することができるとすれば，やはり成り立つ．（ここでも，メタ数学において『プリンキピア・マテマティカ』の論理的な仕組みが自由に使えると仮定する．）

定理I, III, IVは，ツェルメロ＝フレンケルの公理的集合論のような，他の形式体系に対しても，それが ω 無矛盾であれば，適用できる．

これらの証明は，『数学物理学月報』に掲載される．

[1)] 還元公理を入れるか，分岐なしのタイプ理論にする．
[2)] さらに，Sには，狭義の述語論理（訳注：1階論理）の論理形式で，その全称化の恒真性も反例の存在も証明できないものが含まれる．
[3)] とくにこの結果は，たとえばフォン・ノイマン (1927) が構成したような古典数学の公理系についても成り立っている．

原論文
訳・解説

> 眺める

原論文第1節
概要

いよいよ，ゲーデルの原論文を繙(ひもと)いていきます．その前に，原論文にもいくつか異なるバージョンがあることを知っておかなければなりません．

1931年のドイツ語のオリジナル論文 [14] からだいぶ年月が経ち，いくつかの英訳が現れました．まずメルツァーの訳書 (1962) [15] は，廉価でいまも広く読まれていますが，やや雑な訳であるという批判をしばしば受けています．そこで，ゲーデル認可のもと，メンデルソンが新訳をつくり，デイヴィス編纂の論文集『決定不能』(1965) [12] に収められました．その際，ゲーデルは自ら修正やコメントを加えようと準備していましたが出版に間に合いませんでした．そこで，その数年後にハイエノールト編纂の論文集『フレーゲからゲーデルへ』(1967) [16] が出版された際に，ゲーデルによる加筆修正を受けた正式な英語改訂版が収録されたのです．ゲーデル没後にゲーデル全集 [13] が刊行され，その第I巻 (1986) に見開きで独英対訳の論文が載っています．英文は基本的にハイエノールト版と同じですが，独文はそれに合わせて修正されていたり，いなかったりで，中途半端なものになっています．

もしゲーデルの思想の深化や論理学の発展といったことを歴史的に厳密に読み取ろうとするなら，これらのテキストをきちんと読み比べる必要があるでしょう．しかし，本書の主な目的は原論文の数学的議論を正しく理解することにあり，あまりバージョンの違いには依存しませんので，いちおう最終の英語版 [13] を底本にしながら，適宜別バージョンで補った私訳を示していきます．

1931年のオリジナル論文は当然それが発表されたウィーンの雑誌『数学物理学月報』の書式に従っていますが，この論文だけ取り出して雑誌の書式にあわせる意味もないので，基本的にここではゲーデル全集のスタイルを用います．たとえば，オリジナル論文の雑誌スタイルでは参考文献のデータを引用ごとに脚注で示していますが，本書は全集版の流儀で脚注の記述を簡略化し（論文の著者と発表年だけを示す），論文の詳しいデータは巻末にまとめました．また，原論文の訳文は5–10行程度に区切り，網掛けで示してありますが，原注は原則として対応する本文の下に置きました．ゲーデルが英語版で挿入したコメントは，[[...]] で示しています．

さて，いわゆる不完全性定理の論文は，正式には次のような題名のものです．

[標題]

『プリンキピア・マテマティカ』およびその関連体系における形式的に決定不能な命題について I[1]
作クルト・ゲーデル，ウィーン

---

[1] ウィーン科学アカデミー紀要（数学・自然科学部門）1930年第19号にある本論文の結果の要約を参照．

標題中の『プリンキピア・マテマティカ』[24] というのは，ホワイトヘッドとラッセルによる全3巻の大著で，現代論理学の金字塔とされています．この本の初版が書かれた1910年頃に2人の著者は50歳と40歳くらいで友人に近い関係だったようですが，もともとラッセルがケンブリッジ大学トリニティ・カレッジの学生だった19世紀末にはホワイトヘッドが彼の先生でした．トリニティ・カレッジの大先輩ニュートンが同じ題名の本を書いていることは，もちろん2人の意識にあります．この本はまれに「数学原理」と訳されることがありますが，ラッセルは単著で『数学の諸原理』(1903) [20] という本も書いているので，私たちは単に「プリンキピア」もしくは「PM」と呼んでいます．とくに，PM というときは，本そのものを指すより，この本で展開されている論理体系を指すことが多いようです．

次に，題名中の「関連体系」ですが，その代表的なものは「公理的集合論」です．PM も，ある種の集合論ですが，そこでは論理と集合が渾然一体となっており，集合（クラス）はむしろ副次的な対象といえるかもしれません．1920年代に，ヒルベルトは，プリンキピアの論理部分だけを抜き出し，「述語論理（関数計算）」を定式化しました．「述語」は命題の中に変数が入った「関数」であるとみなして，ヒルベルトは「関数計算」という用語を使います (p.125参照)．ここでいう「公理的集合論」は，ヒルベルトの述語論理とツェルメロらの集合論の公理をあわせて定義されるもので，じつは数学の公理体系をこのように捉えることもゲーデルの才覚なしにはできなかったことです．いまでこそ，「数学の理論＝述語論理＋数学の公理」という見方はロジックの常識になっていますが，当時はそうではなかったのです．後述の脚注3も参照く

ださい．

　続いて，「形式的に決定不能な命題」というのは，PM や公理的集合論のような形式体系で証明も反証もできない命題ということです．ヒルベルトは，きちんとした公理系を打ち立てれば，すべての命題は真か偽であることがその体系で演繹的に判定できるという信念をもっていたのですが，ゲーデルはそれを覆し，当時主流の形式体系，あるいはその改良版をもってしても，すでに算術の範囲で真か偽かを演繹的に判定できないような命題が存在することを証明したのです．

　この結果が「不完全性定理」と認識されるようになったのは，かなり時代を下ってからであると序で述べました．そもそも形式体系が不完全であるのは見方を変えればむしろ当然で，あとで脚注 48a でも述べられるように，どんな形式体系においても，そこでは言及しえない高次（高階）の対象があると考えられるからです．しかし，原論文の標題は「形式的に決定不能な命題について」ですから，単に存在するだけでなく，それを比較的簡単な算術の命題として与えることができるといった意味も含んでいるのです．

　さらに，原題に I という数字が付いていることから，続編が予定されていたことがわかります．しかし，パート II は出版されませんでした．脚注 68a で述べられているように，ロジックの急速な発展により，続編をあえて書き下す必要がなくなってしまったからです．

　最後に，「I」の右上についている小さな 1) は脚注の番号についてです．細かいことをいえば，ドイツ語原論文の雑誌スタイルでは $^{1)}$ となっていて，全集のスタイルは右カッコなしですが，本書では日本語としての見やすさから，$^{1)}$ にしました．この脚注で言及している「要約」が，序の最後に訳を付けた「完全性と無矛盾性に関するいくつかのメタ数学的結果」です．

　それでは，本文に入ります．

[1-1]
　さらなる精密さを求めて発展してきた数学は，周知の通りすでにその大部分の形式化を完成し，どんな定理も少数の機械的な法則だけから証明できるようになった．これまでに構築されたもっとも包括的な形式体系には，『プリンキピア・マテマティカ』の体系 PM [2] とツェルメロ＝フレンケルの公理的集合論（フォン・ノイマンによってさらに改良された）[3] がある．

---

[2] ホワイトヘッド＝ラッセル 1925. 体系 PM の公理は，とくに無限公理（可算無限個の個体が存在するという形のもの），還元公理，そして選択公理（すべてのタイプに対するもの）を含めるものとする．

[3] フレンケル 1927，フォン・ノイマン 1925, 1928, 1929. 形式化を完成させるには，論理計算の公理と推論規則をこれらの引用文献で与えられている集合論の公理に加える必要がある．これから述べる考察は，近年ヒルベルト一門が構築した形式体系にも（現時点で知られているものに限っては）すべて適用される．ヒルベルト 1922, 1923, 1928，ベルナイス 1923，フォン・ノイマン 1927，アッケルマン 1924 をみよ．

　ここで，形式化というのは，言語，公理，推論規則などを厳密に定めて，正しい命題をその形式体系の法則から機械的に導出できるようにすることです．いろいろな形式化の中でも，とくに広範な領域の数学を扱えるように構築された体系が，『プリンキピア・マテマティカ』の体系 PM と，ツェルメロ＝フレンケルの集合論です．

　PM はたいへん複雑な体系で，現在これを使って数学を議論する人はほとんどいませんが，ゲーデルの時代には集合論よりこちらが主流で，本論文も PM に類似した体系について議論を展開しています．プリンキピアの初版は 1910–13 年に出版され，改訂版が 1925–27 年に出ています．他方，集合論の公理は，最初にツェルメロが 1908 年の論文で考案し，1920 年代にフレンケルとフォン・ノイマンによって改良が加えられました．くり返しになりますが，重要なことは，集合論の公理だけでは完成された形式体系とはいえないことです．脚注 3 に述べられているように，述語論理の公理と推論規則を加えてはじめて正しい公理的集合論になるのです．ゲーデルがこのような考えを得るには，前年に完全性定理を証明したという背景がありますが，その辺を説明し出すと話が長くなるので，まず PM についてみておきましょう．

━━━━━ ★ 『プリンキピア・マテマティカ』★ ━━━━━

『プリンキピア・マテマティカ』は，アルフレッド・ノース・ホワイトヘッド（左）とバートランド・ラッセル（右）の共著による数学基礎論の記念碑的作品．1910–13年に最初の3巻が刊行され，4巻以降は計画だけに終わった．

　算術の法則を論理的原理から導こうとしたフレーゲの試みは，いわゆる「ラッセルのパラドックス」の発見（1901年）によっていったん挫折したが，ラッセルらは「分岐タイプ理論（階型理論）」という複雑な仕組みを考案して，パラドックスを回避しながら，さらに広い範囲の数学を論理に還元しようと試みた．しかし，道具立てが大きくなりすぎ，つぎはぎも目立ち，全数学を展開する試みは順序数や実数の理論までで中断する．その後1925年から1927年に，ラッセルはウィトゲンシュタインらの批判を踏まえ，既巻の改訂を行った．

　分岐タイプ理論は一種の集合論であるが，集合にあたるオブジェクトは「クラス」と呼ばれる．各クラスに「型数（タイプ）」を割り振り，「クラスの型数はその要素の型数よりも大きい」という文法規則を導入することで，クラスが自分自身を要素としてもつか否かという問いが発生することを文法的に禁じた．さらに，論理式には「階数（オーダー）」を付与して，自己言及的定義を避けるようにも工夫した．すると，1つのクラスを定義するのに，型数と階数の両方を絡めて扱うことになる．それはただ煩雑なだけでなく，階型の制約を便宜的に緩めてクラスの同一性を導く不自然な仮定「還元公理」を要した．第2版では，この不明瞭な公理の棄却が宣言されているが，その結果として，実数論を展開する部分で数々の混乱が生じている．これに対し，ラムジーは，最初から階数の概念をなくした「単純タイプ理論」を提唱し，この理論の上で数学を展開する構想をもったが，1930年に若くして世を去った．

PM は巨大な体系で，ここでその全容を把握する必要はまったくありませんが，当時の常識として，ゲーデルも多くの用語や記法をこの本から借用しているため，その基本は押さえておくことが望ましいでしょう．
　そもそもこの体系の記述が複雑になっている理由は，自己言及型のパラドックスを文法的に排除しようとしているからです．とくに，自分自身を要素として含まない集合全体を考えると，それが自分自身を要素として含むとしても，含まないとしても矛盾が生じるという，いわゆる「ラッセルのパラドックス」を回避する装置として，分岐タイプの考え方が導入されました．
　PM が扱う対象は「クラス」で，それはいまでいう「集合」とほぼ同じです．数，関数，空間などあらゆる数学的事物は一種のクラスとみなすことができます．変数 x に関する条件（例：「x は偶数である」）が与えられたとき，それを満たすもののクラス（例：偶数全体）が定まりますが，逆にどのクラスにもそれを規定する条件（を記述する論理式）があると考えます．すると，クラスに対する言及を，論理式についての議論に直せるというのが，ラッセルらの論理主義の基本です．ところが，「選択公理」（PM では「乗法公理」とも呼ぶ）や「無限公理」が存在を要請するクラスは論理式で一意に定まるものではありません．選択公理というのは，空でない集合からその要素を選び出す関数の存在を主張するものです．これらの公理無しには現代数学を展開することは困難なので，天下りにこれらを「公理」に認めながら，使用上の注意を付けます．脚注 2 で，「還元公理」とこれら 2 つの公理が特筆されているのは，このような事情からです．
　クラスの理論では，クラスを要素とするクラス，さらにそれらを要素とするクラスというように，クラスをつぎつぎと入れ子にしていくことができます．そして，入れ子の深さがそのクラスの「型」になります．PM とゲーデルの体系では，「型」の定義が若干違いますが，以下ゲーデルの定義に従って説明します．ゲーデルの体系では，個々の自然数が個体として与えられており，それらを型 1 とします．そして一般に，型 n のものを集めてできるクラスが型 $n+1$ のクラスです．たとえば，「偶数全体のクラス」は型 2 で，「無限個の自然数からなるクラス」全体のクラスは型 3 です．任意に与えた数（型 1）が型 2 のクラス（たとえば，「偶数全体のクラス」）に属するか否かは当然

真偽が定まります．では，型 2 のクラスが型 2 のクラスに属するか否かは判定できるでしょうか？　自然な答えはつねに属さないことになると思いますが，このような質問あるいは命題は，内容的な真偽を問う以前に，文法的にナンセンスであるとして排除するのがタイプ理論の基本的考えです．つまり，タイプ理論では，型 n のものが型 $n+1$ のクラスに属するか否かについてだけ述べることが許されるのです．

　また，論理式にもタイプに相当するものがあり，それは「階」と呼ばれます．まずごく単純にいえば，論理式 $\varphi(x)$ の階数は，それで定まるクラス $C = \{x : \varphi(x)\}$ の型数に対応するものと考えられます．しかし，このままで困るのは，$\varphi(x)$ の中に C に対しての直接的，間接的な言及が含まれる場合です．たとえば，$\varphi(x)$ が 1 階であれば，その中で型 1 のクラス全体に言及するのは，自己言及になります．そこで，変数に階数を付けることを考えます．1 階の変数は，自然数の上を動きます．1 階の変数だけをもつ論理式が 1 階の論理式です．一般に，$n+1$ 階の変数（変記号）は，n 階の論理式（が定めるクラス）の上を動きます．n 階の論理式は，$n+1$ 階以上の変数を含まないものとします．たとえば，「x は偶数である」という述語 Even(x) は $\exists y(x = y + y)$ のように 1 階の論理式で表現できます．他方，$\exists P\, P(x)$ は「$P(x)$ を成り立たせる 1 階の述語 P が存在する」，つまり「x の属性が存在する」という意味で，2 階の量化が使われた 2 階の論理式です．さらに，$\exists\wp \forall P(\wp(P) \leftrightarrow P(x))$ は「『x の属性である』という属性が存在する」という意味で，3 階です．すると，$\exists P\, P(x)$ を満たすような x のクラスも $\exists\wp \forall P(\wp(P) \leftrightarrow P(x))$ を満たすような x のクラスも型 1 のクラスですが，定義式の階数は異なります．PM では，クラスの「型」が基本であり，「型」が「階」によって分岐されるという見方をしています．しかし，ゲーデルの体系 P は，PM をうまく簡単化してつくられていて「型」と「階」を区別する必要がありません．より厳密にいえば，2 階以上の量化は，論理式を変域にするのではなく，論理式で定まるクラスを変域にすると考えます．つまり，還元公理を内包公理で置き換えるのです（P の公理 IV (p.51) を参照）．

―― 型（タイプ）と階（オーダー） ――――――――――――――――

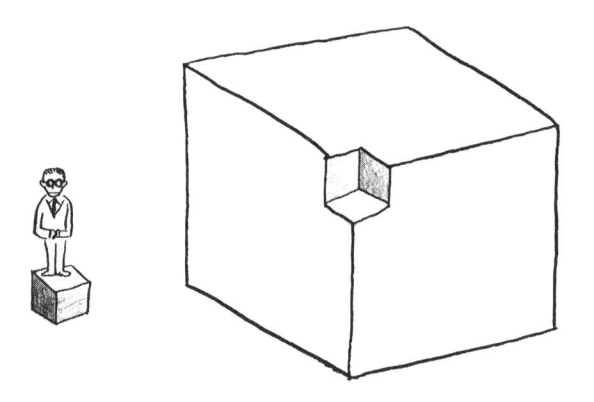

型3　　　（型1の無限クラス）のクラス　　　…

型2　　　偶数のクラス　素数のクラス　奇数のクラス…

型1　　　0, 2, 4, 6　…　　　　1, 3, 5, 7　…

1階の論理式：$\mathrm{Even}(x)$ すなわち $\exists y\,(x = y+y)$

2階の論理式：$\exists P\, P(x)$

3階の論理式：$\exists \wp\, \forall P(\wp(P) \longleftrightarrow P(x))$

[1-2]

　これら 2 つの体系はとても包括的なもので，今日の数学で用いられているあらゆる証明法をその中で形式化し，いくつかの公理と推論規則に還元することができる．すると，そこで形式的に表現できるどんな問題も，これらの公理と推論規則によって真偽判定できるように思える．しかし，そうではない．ここに挙げた 2 つの体系については，それらの公理に基づいては判定できない，整数論の比較的簡単な問題[4] があることを以下に示そう．

---

[4] さらに厳密にいえば，ここで存在する決定不能命題は，論理定号記 ¯ (否定)，∨ (または)，(x) (すべての)，= (等しい) の他，自然数についての + (足し算) と・(掛け算) の記法だけを用い，前置量化詞 (x) も自然数のみに適用されるものとすることができる．

　PM などの体系内に数学のあらゆる証明法が形式化できること，すなわちこれまで知られているどんな数学の証明もそれらの体系の証明に逐語訳的に変換できることは，それらの体系になじんでいれば容易に納得できるでしょう．平たくいえば，これらの体系は自然言語に近い表現力をもっているので，数学の定理をそこで自然に表現し，ふつうの証明を与えることができるのです．しかし，もしどんな証明も PM の証明形式に書き換えられるとしたら，数学の未解決問題は PM の形式を調べるだけで解決できるのでしょうか？少なくともヒルベルトはその可能性を信じていたわけですが，ゲーデルの結果はそれでは解決できない問題があることを示しています．

　とくに重要なことは，その公理に基づいて真偽判定できないような整数論の問題があるという結論です．PM や公理的集合論に決定不能な命題があるということだけであれば，それほど驚くに値しません．実際，公理で記述できる対象は自ずと制限がありますので，その範囲を越えた集合を考えれば，公理系で真偽が定まらなくても不思議はありません．しかし，ゲーデルの定理のポイントは，どういうふうに体系を定めても，整数を扱う部分ですでに決定不能な命題ができてしまうということにあるのです．

　ところで，上文の「問題」は必ずしも未解決問題を指すわけではありません．与えられた公理系においては真偽判定できない命題という意味です．よく知られた未解決問題 (たとえば，ゴールドバッハの予想 (2 より大きな偶

数は，2つの素数の和で表せる））が決定できるかどうかに，ゲーデルの証明が応用できると面白いのですが，いまのところ整数論の関心と結び付くような結果はほとんど何も得られていません．

　脚注 4 について，少し補足しておきます．ここで説明されている論理記号は，基本的にヒルベルト＝アッケルマンの『記号論理学の基礎』[17] で用いられている記号です．次節以降は，PM の簡易版として形式体系 P を導入し，そこに決定不能命題が存在することを示していきますが，その際，P についての議論をするための（メタな）論理としてヒルベルト＝アッケルマンの記号法が使われます．ヒルベルト＝アッケルマンはもちろん厳密な公理系を与えているのですが，ゲーデルがこの記号法を使う場合，あえて素朴な扱い方をしているようです．いずれにせよ，この節の議論は厳密なものではないので，メタと対象（オブジェクト）の区別も明確にされていません（体系 P の定記号については p.43 を参照）．

　念のため，本論文で使われる論理定記号を表にまとめておきましょう．

論理定記号

	連言	選言	含意	同値	否定	全称	存在
ラッセルらの体系 PM	$\cdot$	$\vee$	$\supset$	$\equiv$	$\sim$	(x)	$(\exists x)$
ゲーデルの体系 P (本論文の対象理論)	$\cdot$	$\vee$	$\supset$	$\equiv$	$\sim$	$x\Pi$	$(\mathrm{E}x)$
ヒルベルトらの述語論理 (本論文のメタ論理)	&	$\vee$	$\rightarrow$	$\sim$	—	(x)	$(\mathrm{E}x)$
現在の一般的な記号	$\wedge$	$\vee$	$\rightarrow$	$\leftrightarrow$	$\neg$	$(\forall x)$	$(\exists x)$

　ちなみに，「すべての x について」を表す全称量化記号（本論文では「前置量化詞」と呼ばれます）に Π を使うのはレーベンハイムやスコーレムの流儀で，現代の全称記号 $\forall$ はゲンツェンの発明（1935 年）とされています．

　では，続けます．

[1-3]
この状況は，これらの体系の定め方の特殊性によるものではまったくなく，幅広い範囲の形式体系についていえることである．とくに，これら2つの体系に，つぎの条件を保持しつつ有限個の公理[5]を追加してできる体系には，それがいえる．その条件とは，それらの公理の追加によって，脚注4で述べられている種類の言明で偽なるものが証明されることがないというものである．

---

[5] PM では，ある公理から型の変更によって得られる公理は同じものとみなして1つと数えてよい．

決定不能な命題があるという現象は，PM などの特性に依存したものではなくて，ある程度の算術が展開できれば幅広い体系についていえます．たとえ決定不能な命題をその体系に新しい公理として追加しても，拡張した体系には新たな決定不能命題が出現することをゲーデルは指摘しています．

ここで注意したいことは，加えた公理によって偽の言明が生じないということをゲーデルは条件に仮定していることです．これは，体系の「健全性」を保持するための仮定です．厳密には「ω 無矛盾性」として次節で定義し直すことになります．しかし，のちにロッサーが，ゲーデルの定理の成り立つ条件を単なる「無矛盾性」に弱めており，それによれば，ある体系とそこでの決定不能な命題 A が与えられた場合，その体系に新しい公理として A を加えても，その否定を加えても，やはり不完全な体系のままであることがわかります．

脚注5は，論理式の型上げについて言及したものです．PM などのタイプ理論では，真なる論理形式に含まれる変項の型をいっせいに同じ数上げても真のままになります．ですから，1つの公理を加えることが無限個の公理を加えることを意味します．型上げについては，あとでまた説明します．

[1-4]

　詳細に入る前に，まず証明の概略を述べておこう．当然完全な厳密さは放棄しなければならない．（ここでは PM を題材にして述べるが）どんな形式体系も，論理式は外見上，原始記号（変項，論理記号，括弧，句読点）の有限列であり，どの記号列が意味ある論理式であるか否かを正確に記述することは容易である．[6] 同様に，証明は，形式上（ある特定の性質をもつ）論理式の有限列に他ならない．もちろん，メタ数学的な考察においては，原始記号そのものがどんなものかは重要ではなく，われわれはこの用途に自然数を割り当てることにする．[7]

---

[6] 以下では，「PM の論理式」といえば，略記（つまり，定義による記法）を使用せずに書かれた論理式をつねに指すものとする．[[PM では]] 定義は略記のためだけになされ，したがって原理的に消去可能であることはよく知られている．

[7] すなわち，われわれは原始記号全体とある範囲の自然数を 1 対 1 に対応させる．（そのやり方は，p.55 [2-13] をみよ．）

　この節では PM を題材にして議論が進められますが，別の体系でも，そこで自然数の基本的な計算ができるなら，ほぼ同じ論法で証明も反証もできないような命題が構成できます．論理式，ここでは PM の体系の論理式ですが，それは，変項，論理記号，括弧や句読点を文法的に正しくつなげたものです．論理式の真偽判定は難しい場合がありますが，それが論理式として文法的に正しい記号列になっているかどうかは容易にわかります．証明は，公理を出発点に，推論規則に従って論理式を変換していく過程とみなせますから，論理式の有限列だともみなせます．

　記号はすべての議論の基本ですが，記号がどんな形かはここでは問題にしません．英語アルファベットの文字を使おうが，漢字を使おうが，もっと意味不明の印を使っても，使い方のルールさえ同じであれば，同じであると考えます．ですから，原始記号を自然数であると考えても，一般性を失いません．

[1-5]

すると，論理式は自然数の有限列，⁸⁾ 証明は自然数の有限列の有限列となる．こうして，メタ数学的概念（や命題）は，自然数や自然数の列についての概念（や命題）になる．⁹⁾ それゆえ，それ自身が体系 PM の記号列で（少なくとも部分的には）表現される．とくに，「論理式」「証明」「証明可能な論理式」といった概念が体系 PM で定義できることが示せる．たとえば，自由変数 v をもった PM の論理式 $F(v)$ が存在し，PM の記号解釈のもとで「自然数の列 v が証明可能な論理式である」ことを意味する（ここで，変数 v は自然数列の型をもつ）．¹⁰⁾ さて，以下では，体系 PM で決定不能な命題，つまり A も not-A も証明できない命題 A を構成する．

---

8) すなわち，自然数の始切片（訳注：ある数以下の自然数全体）で定義される数論的関数となる．（もちろん，数が隙間を空けて並んでいるわけではない．）

9) 上で述べた手続きを別の言葉でいえば，体系 PM の同型像が算術の領域に生じ，あらゆるメタ数学的議論はこの同型像の中でもまったく同じように実行できる．これが，証明のスケッチの際に，以下で行うことである．すなわち，「論理式」「命題」「変数」等々は，その同型像となる対応物を指しているとつねに理解しなければならない．

10) この論理式を実際に書き下すのは（かなり面倒ではあるが）とても単純な作業であろう．

　PM の記号を自然数で置き換えると，論理式は記号列ですから自然数の有限列とみなせますし，証明は論理式の列ですから，自然数の有限列の有限列であるとみなせます．そうすると，証明とは何か，定理とは何かといったメタ数学的問いが，自然数の有限列がある性質を満たすかどうかという算術的問いに置き換わります．メタ数学の問題が数学的に表現されるなら，それ自体も PM での議論対象になります．つまり，PM の定理であるかどうかの議論が PM の中で扱えるわけです．もう少し詳しく述べると，たとえば，記号（自然数）の有限列 v が証明可能な論理式であることは，自然数列に関する性質として，PM の論理式 $F(v)$ で表現することができます．

[1-6]

 PM の論理式で，ちょうど 1 つの自由変数をもち，その変数が自然数（クラスのクラス）の型をもつものを，<u>クラス符号</u> と呼ぶ．クラス符号は，ある方法で並べ上げられ，[11] その n 番目を $R(n)$ と表す．「クラス符号」の概念も，それらを並べる関係 R も体系 PM で定義可能であることがわかる． α を任意のクラス符号として，α の自由変数を，自然数 n を表す PM の記号で置き換えたものを $[\alpha;n]$ で表す．3 項関係 $x = [y;z]$ も PM で定義可能であることがわかる．

---

[11] たとえば，その「クラス符号」を表す整数列の和の順に並べて，同じ和をもつものは辞書式に並べる．

 論理式のうち，ある自然数に関する述語的内容を表すものを「クラス符号」と呼びます．たとえば，「x は偶数である」を表す論理式は，偶数全体のクラスに対するクラス符号になります．PM では，自然数 n は n 個の要素をもつクラスのクラスと定義されますが，次節の体系 P では各自然数は型 0 の個体として扱われます．なお，理論対象としての自然数は 0 を含め，議論で用いる番号などの数については暗黙に 0 が除外されます．

 記号に（0 以外の）番号が 1 対 1 に付いているとしますと，記号列は番号列とみなせます．そこで，その番号の総和を考えると，同じ総和をもつ記号列は有限個しか存在しません．たとえば，総和が 4 となる番号列は 8 つあって，それらを辞書式に並べると，1111, 112, 121, 13, 211, 22, 31, 4 の順になります．そこで，最初に総和を考え，同じ総和のものは辞書式に並べれば，すべての記号列を一列に並べ挙げられます（脚注 11）．その中から，クラス符号を表すものを抜き出したリストをつくって，その n 番目を $R(n)$ と記すことにします．$R(n)$ の n は変数でなく，単なる番号を表します．

 クラス符号 α の変数を，自然数 n を表す記号で置き換えたものを $[\alpha;n]$ で表します．数 n を表す記号列は，$1+1+\cdots+1$（n 個の 1 と $n-1$ 個の $+$ を交互に並べたもの）です．また，3 項関係 $x = [y;z]$ は，「数 x が表す記号列は，数 y が表すクラス符号の変数に数 z を表す記号列を代入したものである」を表し，x, y, z の関係として PM で定義できます．

[1-7]
自然数のクラス K を下のように定義する．

$$n \in K \equiv \overline{Bew}[R(n);n] \qquad (1)$$

(ここで，$Bew\ x$ は「x が証明可能 (beweisbar) な論理式である」ことを意味する．) [11a)] この定義に現れるすべての概念は PM で定義できるから，それらから定義されたクラス K も PM で定義できる．すなわち，クラス符号 S が存在し，論理式 $[S;n]$ を PM の記号の意味によって解釈すれば，自然数 n が K に属することを述べている．[12)] S はクラス符号であるから，ある $R(q)$ と一致する．すなわち，ある q があって

$$S = R(q).$$

[11a)] 上に引いた線は，否定を表す．
[12)] 前と同じく，論理式 S を実際に書き下すことにほとんど困難はない．

Bew というのは，「証明可能」(beweisbar) という意味です（こここの Bew はイタリック，後で厳密に定義されるところでは立体にしています）．その否定は，論理式の上に線を引いて表し，「証明できない」という意味になります．つまり，$\overline{Bew}[R(n);n]$ は「n 番目のクラス符号の変数に n を表す記号を代入したものは証明できない」という意味の論理式になります．そして，これ自身も n に関する 1 変数の論理式であり，クラス符号（上記の S）とみることができます．すると，ある q が存在して $R(q)$ と一致しているはずです．今後の目標は，この $R(q)$ の変数に q を代入した $[R(q);q]$ が PM で決定できない，つまり証明も反証もできない命題になることを示すことです．

ここで，$R(q)$ は S と同じく，自然数 n が K に属することを述べていて，その変数 n のところに q を代入すると，「q 番目の論理式に q を代入したものが証明できない」という意味になります．つまり，$[R(q);q]$ は $\overline{Bew}\ [R(q);q]$ と同じ意味で，自らが証明できないことを主張しています．

[1-8]
いまから $[R(q); q]$ が PM で決定不能であることを示そう。[13] まず $[R(q); q]$ が証明できたとすると、これは真でもある。ところが、この場合、上で与えた定義から、q は K に属しており、すなわち (1) によって $\overline{Bew}\,[R(q); q]$ が成り立つので、仮定に反することになる。逆に、$\overline{[R(q); q]}$ が証明できたとすると、$\overline{q \in K}$、すなわち $Bew\,[R(q); q]$ が成り立つ。しかしそのときは、$[R(q); q]$ とその否定がともに証明できることになり、それもまた不可能である。

---

[13] $[R(q); q]$ (あるいは、$[S; q]$ としても同じだが) は、単に決定不能な命題の メタ数学的記述 でしかないことに注意せよ。しかし、論理式 S が得られれば、すぐに数 q ももちろん決定できて、したがって決定不能命題そのものを実際に書き下すことができる。[[ここに原理的な難しさは何もない。しかし、まったく手に負えない長さの論理式にならないようにするために、そして数 q を計算する実際的困難を避けるために、PM でいたるところに用いられているような定義による略記法を採用しないと、決定不能命題の構築に若干修正を余儀なくされるだろう。]]

$[R(q); q]$ は $\overline{Bew}\,[R(q); q]$ と同じ意味であっても、もちろん文字列としては異なります。両者が「同じ意味をもつ」というのは、自然な解釈のもとで論理的に同値になるということです。たとえば、「1+1=2」と「$2^{43112609} - 1$ が素数である」はどちらも真であるから、論理的には同じです。それに対して、前ページの (1) における等号 ≡ は定義による同値 (脚注 33 を参照)、一番下の = も 2 つのクラス符号が文字列として一致することを表しています。

この体系 PM は真なるものだけを公理とし、証明できるものはすべて真であることが仮定されています。したがって、もしも $[R(q); q]$ が証明できたとすると、これは真になります。定義から、$[R(q); q]$ は「q が K に属する」という意味でしたから、これが真であれば (1) から $\overline{Bew}[R(q); q]$ も真です。すると、$[R(q); q]$ は証明できないことになりますから最初の前提と矛盾します。

つぎに $[R(q); q]$ の否定が証明できたとします。$[R(q); q]$ と $\overline{Bew}[R(q); q]$ は同値なので、$[R(q); q]$ の否定は $Bew[R(q); q]$ と同値です。したがって、$Bew[R(q); q]$ は証明可能で、真になります。すると、$[R(q); q]$ も証明できますから、$[R(q); q]$ とその否定が両方証明できて、体系が矛盾します。逆に、体系が矛盾していなければ、$[R(q); q]$ の否定は証明できないことになります。

[1-9]
　以上の議論がリシャールのパラドックスと類似していることが注目される．「うそつきのパラドックス」とも密接に関わっている．[14] というのは，決定不能命題 $[R(q); q]$ は，q が K に属すると述べているので，(1) から $[R(q); q]$ は証明可能でない．したがって，自らが [[PM で]] 証明できないことを主張する命題をわれわれは手にしたことになる．[15]

---

[14] どんな認識論的パラドックスも，決定不能命題の存在の同様な証明に使える．
[15] 見かけに反し，そのような命題は，何ら悪循環を含まない．というのは，もともとそれは，ある正しく定義された論理式（つまり，辞書式順序で q 番目の論理式からある代入によって得られるもの）が証明できないことを主張している [[にすぎない]]．その結果（いわば偶然に），この論理式がちょうどその命題自身を表現したものになったというだけだ．

　この議論はリシャールのパラドックスや，うそつきのパラドックスと類似すると述べられています．うそつきのパラドックスは，「この文は偽である」という文は偽であると真になり，真であると偽になって矛盾を生じるというものです．ゲーデルの決定不能文は「この文は証明できない」という意味をもつので，確かにこのパラドックスとも似ています．また，リシャールのパラドックスは，定義可能な実数全体を並べ上げると，いわゆる対角線論法でこのリストに入っていない新しい実数が定義されるというものです（p.35 の「パラドックス」の (7) を参照）．この議論は，$[R(q); q]$ の構成に少し似ています．

　このような認識論的なパラドックスには，非常にたくさんのバリエーションがあります．そして，ゲーデルは脚注 14 で，どんなパラドックスからも決定不能命題の存在が導けるといっています．実際，ベリーのパラドックスを応用して決定不能命題を構成するブーロスの研究などいろいろな試みがあります（[23] を参照）．しかし，注意しておきたいことは，ゲーデルの議論そのものはパラドックスではまったくないことです．このサービス精神に富んだ序文が，せっかちな読者には，ゲーデルの定理の本質がパラドックスであるような誤解を与えているかもしれません．

─── ★ パラドックス (1) ★ ───

　一般に容認される前提から，反駁し難い推論によって，一般に容認し難い結論を導く論説をパラドックス（逆理または逆説）という．そのギリシャ語の語源は，通念（ドクサ）に反する（パラ）説という意味である．

　紀元前5世紀，エレアのゼノンは，運動が幻にすぎないとして，4つの例を挙げた．なかでも，駿足のアキレスが鈍足の亀に追いつけないという論説は「ゼノンのパラドックス」としてよく知られている．これに対して，アリストテレスは無限の概念を可能無限 (potential infinity) と実無限 (actual infinity) とに分け，無限個の点を実在するように扱うことがゼノンの論法の誤りであるとした．

　それから2000年の時を経て，微積分学が発見され，無限個の点を扱うことは避けられないものになり，その基礎付けとして19世紀後半に集合が誕生した．それによりゼノンのパラドックスは理論的に回避されたが，新種のパラドックスがたくさん生まれた．これらのパラドックスは基本的に循環論法原理に基づくものとみなされ，それに対処するために生まれたのが，『プリンキピア・マテマティカ』の分岐タイプ理論である．

　以下，『プリンキピア・マテマティカ』で考察された7つのパラドックスを簡単に紹介する．

(1) うそつきのパラドックス

　クレタ人の預言者エピメニデスが「クレタ人はみんなうそつきだ」といったという話は聖書（テトス書）にも書かれている．その預言者がうそをついているとすると，彼は本当のことをいっていることになり，逆に本当のことをいっているならうそつきである．厳密にいうと，彼がうそをついていても，「みんながうそつきだ」とはいえないので，本当のことをいっているとはいえないが，そこはいま考えないことにする．そして，これを「私はうそをいっている」という形に単純化し，パラドックスとして論じたのが，紀元前4世紀のミレトスのエウブリデスである．「この文は偽である」という文も同じだ．

(2) ラッセルのパラドックス

　自分自身を要素として含まないクラス全体 w を考える．すると，任意のクラス x について，x が w に属することと，x が x に属さないことは同値である．そこで，x を w とおくと，w が w に属することとその否定が同値になる．ラッセル (1901) 以前に，ツェルメロもこれを発見していた．

───── ★ パラドックス (2) ★ ─────

(3) 関係に関するパラドックス

2つの関係 R, S についての関係 T をつぎのように定める．T が成り立つのは，R, S の間に関係 R が成り立っていないときである．すると，T, T の間に T が成り立つこととその否定が同値になってしまう．

(4) ブラリ・フォルティのパラドックス

カントルは自然数の概念を拡張し，無限下降列をもたないような線形順序の代表型として（超限）順序数を導入した．いま，順序数全体のクラスを考えると，これも無限下降列をもたない線形順序となり，1つの順序数 Ω が対応する．Ω はこのクラス内のどの順序数よりも大きいはずだが，他方 Ω もこのクラスに属するので，自分自身よりも真に小さいことになって矛盾する．この事実には，ブラリ・フォルティ (1897) 以前に，カントル (1895) も気付いていた．

(5) ベリーのパラドックス

「20文字以内で定義できない最小の自然数」が20文字以内で定義できているというもので，オックスフォード大学の図書館員ベリーがラッセルへの手紙 (1904) で最初に示したとされている．

(6) 順序数のパラドックス

「有限の言葉で定義不可能な最小の（超限）順序数」が有限の言葉で定義できているというもの．言葉で定義できる順序数は可算個しかないから，このような順序数は必ず存在する．これはケーニッヒ (1905) によって発見されたが，パラドックスとして認識したのはラッセル (1908) が最初である．

(7) リシャールのパラドックス

実数は非可算個存在するが，言葉で定義できる実数は可算個しかないから，すべての定義可能な実数を並べ上げることができる．簡単のため，区間 $[0, 1]$ に属する実数だけを考え，それらに番号 $n \geq 1$ を付けて，$\{a_n\}$ とする．そして，各自然数 n に対して，実数 a_n の10進小数展開の小数点以下第 n 位の数 p と異なる1桁の数 b_n（ただし，9と0を除く）を適当に定める（例：$b_n = p+1$（$p \leq 7$ のとき），$= p-1$（$p = 8, 9$ のとき））．そして，$b = 0.b_1 b_2 b_3 b_4 \ldots$ によって定まる実数 b を考える．これは，リストに並べられたどの実数とも一致しないが，正しく定義された実数である．この発見は，リシャール (1905) による．

> [1-10]
> 上述の議論は，つぎの2条件を満たすどんな形式体系にも明らかに適用できる．第1は，諸概念や諸命題を表現すると解釈したときに，上の議論に現れる概念（とくに「証明可能な論理式」という概念）を定義するための適切な表現手段をもっていること．第2に，証明される論理式は，その解釈のもとで真であること．この後，上述の証明を厳密に遂行する目的は，とりわけ第2の前提を，純粋に形式的で，もっとずっと弱い条件に置き換えることにある．

　これまで述べられてきた証明は，つぎの2条件を満たしている形式体系ならば，どんなものにも適用できます．

　第1は，「証明可能な論理式」などのメタ数学的な概念に対して，そのメタ数学的定義の構造を反映した定義が形式体系でも与えられることです．つまり，各々のメタ数学的概念が独自に表現されるのではなく，低次の概念から高次の概念を定義する構造をそのまま保つような表現手段があることが重要です．なお，「諸概念や諸命題を表現すると解釈したとき」という箇所はハイエノールトの英語版 [16] によるもので，独語のオリジナル論文 [14] では単に「内容に沿って解釈したときに」となっています．

　第2の条件は，「真な論理式のみを証明する」ということで，しばしば体系の「健全性」と呼ばれます．これは，これまで述べられてきた証明の中で本質的に使われていました．この条件は，あとで述べるように，ω 無矛盾性に弱められ，さらにこの論文のあとロッサーによって無矛盾性に弱められました．

[1-11]

　$[R(q);q]$ は自らが証明できないことを主張しているという注意を思い出していただけば，ただちに $[R(q);q]$ が真であることがわかる．というのは，$[R(q);q]$ は（決定不能で，それゆえ）証明できないからである．すると，体系 PM では決定できない命題が，メタ数学的な考察によっては決定できたことになる．この奇妙な状況の詳細な分析は，形式体系の無矛盾性証明に関して驚くべき結果を導く．その結果については，第4節（定理 XI）でさらに詳しく検討しよう．

　ゲーデル文 $[R(q);q]$ は証明できませんが，またそれゆえにこの文は真であるという考察が述べられています．ここは不用意に読むとたいへん危険です．ゲーデルの定理そのものは，$[R(q);q]$ が真であることを証明しているわけではまったくありません．メタ数学的な考察では真だと述べているにすぎません．そして，$[R(q);q]$ が証明できないという主張も，PM では証明できないというだけで，どんな形式体系においても証明できないと主張しているわけではありません．

　以上が，第一不完全性定理（定理 VI）とその証明の概略でした．第4節の定理 XI は，今日でいう第二不完全性定理です．この定理は，第一不完全性定理を詳細に分析することで得られるのです．

解する1

原論文第2節（その1）
体系 P，ゲーデル数，再帰的関数

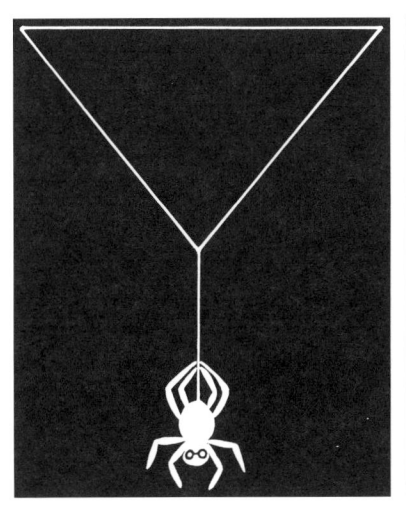

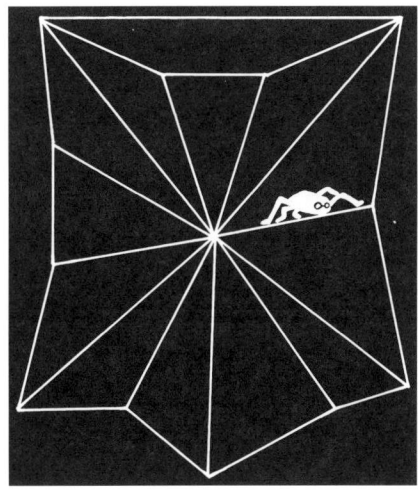

前節で概略を示した議論をもう一度厳密に展開していきます．決定不能な命題をきちんと構成するためには，まず扱う形式体系を厳密に規定しておく必要があります．ここでは，P と呼ばれる体系が導入されますが，これは PM のように複雑な分岐タイプ理論ではなく，ペアノの公理と，PM の論理部分であるヒルベルト＝アッケルマンの述語論理の結合で与えられます．そして，P に関するメタ数学的概念を算術的に表現する準備として，まずその記号や記号列に対して，自然数のコード，いわゆるゲーデル数を割り振ります．それから，メタ数学の記号操作に対応する算術的関数として再帰的関数を導入します．

　ゲーデルの定理が，数学を記号処理系として確立しようとしたヒルベルトのプログラムに大きな打撃を与えたことは前に述べました．他方，ゲーデルの論法は，ヒルベルトのアイデアをさらに一歩推し進めたものともみなせます．両者の関係を図示します．

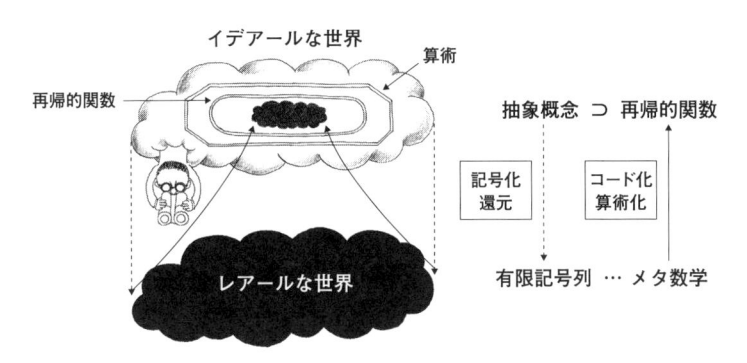

　イデアールな数学をレアールな数学に還元するのがヒルベルトのプログラムの基本とすれば，ゲーデルはレアールな数学をもう一度イデアールな数学の中に引き戻して，イデアールな数学の中に「数学基礎論」の世界を構築したのです．ゲーデルは，個々の記号，論理式，証明などに自然数コードを割り振り，体系 P のメタ数学的概念を自然数の算術の中で（原始）再帰的関数という概念を用いて表しました．そして，第2節（その2）以降では，再帰的関数を形式体系における証明可能性で表現して，体系 P における自己言及を可能にし，不完全性定理の証明につなげていきます．

[2-1] 形式体系 P

　前節で概略だけ示した証明を，ここでは完全な厳密さをもって遂行していく．まず，われわれが決定不能命題の存在を証明しようとしている形式体系 P について正確な記述を与えよう．基本的には，P は，PM の論理とペアノの公理[16]（自然数を個体とし，後者関係を原始概念とする）をあわせてできる体系である．

---

[16] ペアノの公理の追加をはじめ，体系 PM に加えるいろいろな修正はすべて，証明の簡単化のために行うだけで，原理的にはなくてもすまされるものである．

　決定不能な命題を厳密に構成するためには，まず扱う形式体系をきちんと規定しておく必要があります．PM そのものを題材にすることも原理的には可能ですが，議論を簡単にし，応用の幅を広げるために，始めから自然数が個体として与えられているような体系 P を導入します．自然数の世界を，("つぎの数"を表す) 後者関数 $x+1$ だけを基本概念（原始概念）として記述する体系は，ペアノの公理系として知られています．

　他方，PM は分岐タイプ理論とも呼ばれる複雑な体系で，そこから論理的仕組みを抜き出したものが，ヒルベルトの述語論理（関数計算）です．そして，体系 P はペアノの公理とヒルベルトの述語論理を統合してできる体系です．本論文の後半で述べられるように，決定不能命題は算術的に定義可能であり，ペアノの公理と 1 階論理を組み合わせた，いわゆるペアノ算術 PA でも同様な議論ができることがわかります．今日では，ゲーデルがペアノ算術の不完全性を証明したという言い方をよくしますが，正確にいえば，ゲーデルが決定不能性を議論するための最小な土台として導入したのがペアノ算術 PA です．

[2-2] 定記号
体系 P の原始記号は以下のものである．

Ⅰ．定記号　(constants)
"$\sim$"（否定），"$\vee$"（または），"Π"（すべての），"0"（ゼロ），
"f"（後者関数），左括弧 "(", 右括弧 ")"．

　記号には，意味あるいは解釈が固定されたもの (constant) と可変なもの (variable) の 2 種類があります．一般には，それぞれ定数と変数と訳されることが多いと思いますが，必ずしも数のようなものを表してはいないので，ここでは「定記号」と「変記号」と呼ぶことにします．

　定記号の最初の 3 つは，それぞれ括弧内の意味をもつ論理記号です．まず，否定記号の波線 $\sim$ についてですが，前節では $\overline{}$ が使われていて，今後も併用されます．ただし，形式体系の正式な否定記号はあくまで $\sim$ であり，$\overline{}$ はメタ的使用，つまり形式体系について議論する際のメタ論理記号です．また，$\sim$ は，2 つの論理式の同値性を表すためにも後で用いられていて (p.60，脚注 29)，記号の使い方が若干不統一ですが，読者の誤解を招くことはなさそうですので，原文のままにしておきます．

　2 つめの記号 $\vee$（または）は，現代でも同じ記号を使いますし，本文中のメタ論理でも同じ記号です．

　3 つめの Π は，$x\Pi(a)$ という形で用いられ，「すべての x について，論理式 a が成り立つ」という意味をもちます．本文中，メタ論理では $(x)(a)$ という表記になります．なお，現代では A をひっくり返した記号 $\forall$ が一般的です．これ以外の論理記号がこの 3 つから定義できることは，あとで説明します．

　つぎの 2 つの記号は，自然数の「ゼロ」を表す 0 と，後者関数 $x+1$ を表す f です．後者関数は，現代では successor（後者）の S を使って表すことが多いと思います．あとは左括弧と右括弧で，以上が定記号と呼ばれています．

[2-3] 変記号

II. 変記号 (variables)
型 1 の変項：$x_1, y_1, z_1, \ldots$　個体（0 を含む自然数）を示す．
型 2 の変項：$x_2, y_2, z_2, \ldots$　個体のクラスを示す．
型 3 の変項：$x_3, y_3, z_3, \ldots$　個体のクラスのクラスを示す．
各自然数の型に対して，以下同様である．[17]

　注意：2 変数以上の関数（関係）に対する変記号は，原始記号に加える必要はない．というのは，関係は順序対のクラスで定義し，順序対はクラスのクラスとして定義できるからである．たとえば，順序対 a, b は，$((a), (a, b))$ で定義できる．ただし，ここで (x, y) は，x と y だけからなるクラスを示し，(x) は，x だけからなるクラスを示している．[18]

---

[17] 型ごとに，変項として自由に使える記号は可算無限個あると仮定する．
[18] 非同次な（訳注：異なる型をもつものの間の）関係も，このやり方で定義できる．たとえば，個体とクラスの間の関係は，$((x_2), ((x_1), x_2))$ の形のものからなるクラスと定義できる．関係についての命題が PM で証明可能であれば，このやり方で扱ったときも，証明可能になることは容易にわかる．

　定記号以外は，変記号 (variable) です．P は分岐なしのタイプ理論で，その対象は，個体，個体のクラス（集合），個体のクラスのクラス，そのまたクラスというように型数のみで階層化されており，それぞれの型について異なる変項を可算無限個用意しておきます．論理演算などに対する変記号は用いませんので，変記号は変項しかありません．とくに型 1 の変項は，変数とも呼びます．

　上記の (x) や (x, y) は，現代の集合論の記法で表せば，それぞれ $\{x\}$ や $\{x, y\}$ です．(x, y) と (y, x) とは同じクラスを表しますが，要素の並び順を考慮してそれらを別のものと考えたのが順序対で，それは現代ではよく $\langle x, y \rangle$ のように表します．他方，順序対をクラスの言葉で表現する方法もいろいろ知られており，代表的なのは $\langle x, y \rangle$ を $((x), (x, y))$ と定義するものです．

[2-4] 符号

　型 1 の符号 というのは，以下のような記号の組み合わせ [[のどれか]] である．
　　　　　$a, fa, ffa, fffa\cdots$　　ただし，a は 0 か型 1 の変項．
とくに a が 0 のときは，数項 (numeral) と呼ぶ，$n > 1$ のとき，型 n の符号 は，型 n の変項と同じである．型 $n+1$ の符号 a と型 n の符号 b に対して，$a(b)$ を 基本論理式 と呼ぶ．

　「符号」(sign) というのは，現代では「項」(term) という言い方が普通だと思います．まず，a は 0 か，型 1 の変項つまり自然数の変数を表すとします．その a の前に f を何回か付けたものが型 1 の符号ですが，たとえば 3 回付ければ $a+3$ の意味になります．とくに a が 0 であれば $0+3$，つまり 3 です．このように 0 の前に f を何回か付けたものを「数項（数字）」といいます．$fff0$ は，この体系で 3 を表す記号です．型 n の符号は，n が 1 よりも大きい場合は，変項しかありません．

　論理式の基本は $a(b)$ だけです．ここで，$a(b)$ の意味は「b が a に属する」ということです．このとき，b が型 n の符号であれば a は型 $n+1$ の符号であるというように，a の型数は b の型数より 1 だけ大きくなるものと約束します．

　もう少し具体例をみてみましょう．$ff0$ は数 2 を表す数項，もしくは型 1 の符号です．型 2 の符号 x_2 は，型 1 の個体のクラス（集合）を表しており，たとえば偶数全体とか素数全体とかを表す変項になります．したがって，基本論理式 $x_2(ff0)$ は，数 2 が変項 x_2 のクラスに属するという意味の論理式になります．

[2-5] 論理式

論理式全体は，基本論理式をすべて含み，以下の操作で閉じている最小のクラスである．[19] a, b が入っていれば，$\sim(a), (a) \vee (b), x\Pi(a)$ も入る（ここで，x は任意の変項でよい）．[19a] $(a) \vee (b)$ は，a と b の選言(disjunction)といい，$\sim(a)$ は a の否定といい，$x\Pi(a)$ は a の全称化という．自由変項をもたない論理式は，文(sentential formula)という（自由変項はふつうの仕方で定義する．）ちょうど n 個の自由個体変項をもつ（それ以外の自由変項をもたない）論理式を，n 項関数符号と呼ぶことにしよう．とくに，$n = 1$ の場合，それをクラス符号と呼ぶ．

---

[19] この定義（同様な定義が下にもある）については，ウカシェヴィッチ＝タルスキ 1930 をみよ．

[19a] したがって，$x\Pi(a)$ は，x が a に出現しないときや，a で自由でないときにも，論理式になる．もちろん，その場合 $x\Pi(a)$ は a と同じものである．

一般の論理式は，基本論理式を論理記号によって結合してつくられます．とくに，$x\Pi(a)$ は，現代的には $\forall x(a)$ と書くもので，「すべての x について，論理式 a が成り立つ」という意味をもちます．ここで，論理式 $x\Pi(a)$ の中に現れる変項 x, とくに a に含まれている x は，先頭の x によって「束縛される」といういい方をします．論理式の中でまったく束縛されない変項は，「自由である」といいます．1つの論理式の中で，同じ種類の変項 x が自由な出現と束縛された出現を両方もつこともあるので，自由変項という呼び名は若干曖昧性を含んでいるのですが，通常誤解を生じないように記号を使いわけしています．ここに挙げられていない論理記号については，すぐあとで導入されます．それから，括弧 ( ) は適当に省略します．

> **[2-6]** 代入
>
> （a を論理式，v を変項，b を v と同じ型の符号として）a に含まれる v のすべての自由な出現を b に置き換えてできる論理式を $\mathrm{Subst}\,a\binom{v}{b}$ と書く．[20] 論理式 a が，論理式 b の <u>型上げ</u> であるとは，b に含まれる変項の型をいっせいに同じ数だけ増やして，a が得られるときをいう．
>
> ───────────
> [20] a に v が現れない場合は，$\mathrm{Subst}\,a\binom{v}{b} = a$ とおく．"Subst" は，メタ数学的な記号である．

代入 Subst や型上げは，以下で体系 P の公理を記述する際に用います．$\mathrm{Subst}\,a\binom{v}{b}$ は，論理式 a の自由変項 v に項 b を代入して得られる論理式です．ここで詳しい定義は省略されていますが，あとでこれらの概念を算術化して表現する際に，徹頭徹尾厳密に定義の再構成が行われますので，詳細が気になる方は再帰的関数 Sb（p.81，再帰的関数 31）の定義の辺りをご参照ください．型上げは，あとで $n\,Th\,x$ という関数として再定義します（p.82，再帰的関数 33）．もっとも，型上げというのは純粋なタイプ理論では重要ですが，この体系 P では型 1 の数項の役割が本質的であり，それが型上げできないため，この論文では実際上あまり有効には使われません．

さて，これから体系 P についての記述が始まります．体系 P は，公理と推論規則を与えることで定まります．公理というのは将棋でいえば駒の初期配置のようなもので，そこからどう駒を動かすかを定めるのが推論規則です．そして，規則に従って何手か指し進めてできる局面が，証明可能な論理式，つまり定理になります．

最初に，公理がつぎの 5 つのグループに分けて提示されます．

    I. ペアノの公理．
    II. 命題論理の公理．
    III. 述語論理の公理．
    IV. 内包公理．
    V. 外延性公理．

それから，2 種類の推論規則が与えられます．

[2-7] P の公理

以下の論理式 (I–V) は，公理 と呼ばれる．（ただし，周知の方法で定義される略記として，$.$, $\supset$, $\equiv$, (Ex), $=$ [21]）を用い，また括弧の省略については通常のやり方に従う）．[22]

---

[21] $x_1 = y_1$ は，PM, I, *13 と同じように，$x_2\Pi(x_2(x_1) \supset x_2(y_1))$ によって定義されるものと考える（高い型についても同様）．
[22] したがって，これから挙げる公理図式から公理を得るためには，(II, III, IV に可能な代入を行ったあと)
 (1) 略記をなくして,
 (2) 省略した括弧を補う
必要がある．
こうして得られる表現がすべて上で定めた意味の「論理式」になることに注意せよ．(p.71 以降にあるメタ数学的概念の正確な定義も参照のこと．)

この前文および脚注については，かなり説明が必要でしょう．まず，体系 P の定記号になっていない論理記号は，以下のように略記として扱います．

1. $p.q$（かつ）は $\sim((\sim p) \vee (\sim q))$ の略記．
2. $p \supset q$（ならば）は $((\sim p) \vee q)$ の略記．
3. $p \equiv q$（同値）は $(p \supset q).(q \supset p)$ の略記．
4. $(Ex)(a)$（存在する）は $(\sim(x\Pi(\sim a)))$ の略記．

前節でも述べたように，メタ論理の記号としては，$p.q$ のかわりに $p \& q$，$p \supset q$ のかわりに $p \to q$ が用いられます．そして，$p \equiv q$ のかわりに $p \sim q$ がよく使われます．

さらに重要なのが等号の扱いです．脚注 21 にも書かれているように，ここでは自然数の等号 $x_1 = y_1$ も $x_2\Pi(x_2(x_1) \supset x_2(y_1))$ の略記として扱われます．この定義は，x_1 に関して成り立つ性質 x_2 は，y_1 に関しても成り立つという内容で，「ライプニッツの法則」として知られています．この記述は型 2 の量化（2 階論理）を使うので，1 階論理を標準とする現代論理学では，等号は原始記号として扱い，それに対する固有の公理を設定するのがふつうです．

[2-8] P の公理 (I)

I.   1. $\sim (fx_1 = 0)$,
    2. $fx_1 = fy_1 \supset x_1 = y_1$,
    3. $x_2(0) . x_1\Pi(x_2(x_1) \supset x_2(fx_1)) \supset x_1\Pi(x_2(x_1))$.

最初の公理は，一般に「ペアノの公理」として知られているものです．このままではみにくいと思いますので，現代的な表記に直して説明します．

1. $x + 1 \neq 0$,
2. $x + 1 = y + 1 \to x = y$,
3. $\phi(0) \wedge \forall x(\phi(x) \to \phi(x+1)) \to \forall x \phi(x)$.

最初の式は，何かに1を加えて0になることはない，つまり0の前の数はないという主張です．

つぎは，異なる数に1を足した結果が同じ数になることはないということです．この2つの公理により，自然数は0から始まり，もとに戻ることはなく，直線的に無限に続くイメージが定まります．

そして，3番は数学的帰納法です．任意の論理式 $\phi(x)$ について，それが $x = 0$ で成り立ち，x で成り立つとき $x + 1$ でも成り立つならば，すべての x に対して成り立つというものです．現代的な表記において，数学的帰納法は公理図式になっていて，論理式 $\phi(x)$ ごとに1つの公理があり，それをまとめてパターンで表現しています．他方，原文の3番目の論理式は，型2の変項 x_2 が任意の論理式 $\phi(x)$ に相当する表現を与えており，図式ではなく，1つの公理になっています．

[2-9] P の公理 (II, III)

II. 以下の図式における p, q, r に任意の論理式を代入して得られる論理式のすべて.
1. $p \vee p \supset p$,
2. $p \supset p \vee q$,
3. $p \vee q \supset q \vee p$,
4. $(p \supset q) \supset (r \vee p \supset r \vee q)$.

III. つぎの2つの図式のいずれかにおいて,下の条件の代入を a, v, b, c に対して行い (1の場合, Subst の操作を実行して), 得られる論理式のすべて.
1. $v\Pi(a) \supset \operatorname{Subst} a \binom{v}{c}$,
2. $v\Pi(b \vee a) \supset b \vee v\Pi(a)$.

ここで,a は任意の論理式,v は変項,b は v を自由に含まない任意の論理式,c は v と同じ型の符号で,さらに a における v の自由な出現場所において束縛されるような変項を c は含まないとする.[23]

[23) したがって,c は変項であるか,0 であるか,$f \cdots fu$ の形の符号である.ただし,u は 0 か型 1 の変項である.「a のある場所で自由である(束縛される)」という概念については,フォン・ノイマン 1927 の I, A5 をみよ.]

命題論理の公理 II については,原文のままで,とくに説明は必要ないでしょう.述語論理の公理 III も標準的なものですが,現代の記法に直しながら説明します.

最初の論理式 $\forall x \phi(x) \to \phi(c)$ は,$\forall x \phi(x)$ を仮定したら,どんな c に対しても $\phi(c)$ が成り立つというものです.ここで c は,任意の変項か型 1 の符号ですが,$\phi(x)$ に代入した結果,c に含まれる変項が束縛されることはないという条件が付きます.たとえば,$\phi(x)$ が $\exists y(y > x)$ という形であれば,x のところに $c = y + 1$ のような y を含む項を代入することは禁止されます.

つぎの論理式 $\forall x(\sigma \vee \phi(x)) \to \sigma \vee \forall x \phi(x)$ は,σ が x を含んでいないときは,それを量化 $\forall x$ の外に出してもよいというものです.

[2-10] P の公理 (IV, V)

IV. 下の図式から得られる論理式のすべて.
    1. $(Eu)(v\Pi(u(v) \equiv a))$.

ここで，v には型 n の変項，u には型 $n+1$ の変項，そして a には u を自由に含まない任意の論理式を代入する．この公理は，還元公理（集合論の内包公理）の役割を担う．

V. 下の論理式から型上げで得られる論理式すべて（この論理式自身も含む）.
    1. $x_1\Pi(x_2(x_1) \equiv y_2(x_1)) \supset x_2 = y_2$.

この公理は，クラスはその要素によって完全に決定することを述べている．

IV. 内包公理と V. 外延性公理は，集合論やタイプ理論に固有のものです．現代表記に直せば，それぞれ以下のように書けます．

    IV. $\exists P \forall x (P(x) \equiv \phi(x))$.
    V. $\forall x (P(x) \equiv Q(x)) \to P = Q$.

内包公理 $\exists P \forall x (P(x) \equiv \phi(x))$ において，$\phi(x)$ は論理式で，x に関する条件を記述していると考えられます．このとき，$\phi(x)$ を成り立たせる x のクラス P が存在することをこの公理は主張しています．もっと現代的に表せば，$P = \{x : \phi(x)\}$ が存在することです．各々の ϕ に対して P が存在するという主張になりますから，内包公理は論理式の個数だけあり，この公理は公理図式として表されています（p.23 の説明も参照）．

外延性公理は，x がクラス P に属することと，x がクラス Q に属することがすべての x に関して同じであれば，つまり 2 つのクラス P と Q の中身がまったく同じであれば，両クラスは同一であるという主張です．脚注 21 (p.48) の等号の定義と比較してみてください．

[2-11] P の推論規則

a が $(\sim(b)) \vee (c)$ の形の論理式であるとき，論理式 c は a と b からの<u>直接的帰結</u>という．また，c が $v\Pi(a)$ の形の論理式であるとき，論理式 c は a からの<u>直接的帰結</u>という．<u>証明可能な論理式</u>のクラスは，すべての公理を含む論理式のクラスで，「直接的帰結」の関係で閉じた最小のものである．[24]

---

[24] 代入の規則は余分である．というのは，すべての可能な代入はすでに公理自身の中で行われているからである．(この手続きは，フォン・ノイマン 1927 でも使われている．)

論理式 $(\sim(b)) \vee (c)$ は $b \to c$ のことですから，最初の「直接的帰結」はいわゆる「三段論法」のことです．もう 1 つは「全称化」という規則を表しています．まず，推論規則も現代表記に改めておきましょう．

1. c は，$b \to c$ と b からの直接的帰結．
2. $\forall v(a)$ は，a からの直接的帰結．

最初の推論規則は，「b ならば c」と b という 2 つの前提から c が導けるという三段論法，モーダス・ポーネンス (modus ponens) ともいわれます．もう 1 つは，論理式 a が成り立っているなら，すべての v に対して a が成り立つという規則です．つまり，a の中に自由変項 v が入ったまま証明できれば，それはすべての v に関して成り立っていることと同じだということです．

公理から，2 つの規則をくり返し使って得られる論理式は「証明可能である」といいます．このとき，公理自身もそのままで証明可能であると考えます．公理はそれ自身が自らの証明になっていると考えるのです．証明可能な論理式は，こうして得られる論理式全体になりますが，これを言い換えると，公理を含み，直接的帰結に関して閉じている最小のクラスということになります．

以上が，体系 P に関する基本的な定義です．まとめると，つぎのようになります．

> **まとめ：P の公理と推論規則**
>
> **I.** ペアノの公理.
>   1. $x+1 \neq 0$,
>   2. $x+1 = y+1 \to x=y$,
>   3. $\phi(0) \land \forall x(\phi(x) \to \phi(x+1))$
> $\to \forall x \phi(x)$.
>
> **II.** 命題論理の公理.　　省略
>
> **III.** 述語論理の公理.
>   1. $\forall x \phi(x) \to \phi(c)$.
>   2. $\forall x(\sigma \lor \phi(x)) \to \sigma \lor \forall x \phi(x)$.
>
> **IV.** 内包公理.
>   1. $\exists P \forall x(P(x) \equiv \phi(x))$.
>
> **V.** 外延性公理.
>   1. $\forall x(P(x) \equiv Q(x))$
> $\to P = Q$.
>
> <u>推論規則</u>
>
> **I.** c は，$b \to c$ と b からの直接的帰結.
>
> **II.** $\forall v(a)$ は，a からの直接的帰結.
>
> <u>証明可能な論理式</u>
>
> **I.** 公理は証明可能.
>
> **II.** 証明可能な論理式からの直接的帰結は証明可能.
>
> **III.** 証明可能な論理式は，以上によってのみ構成される.

　つぎに，今日「ゲーデル数」と呼ばれる技法で，体系 P のメタ数学的概念を自然数の関数や関係として表す方法を与えます．さらに，それを体系 P 自身の中で表現する方法をあとで与えますので，そうすると体系 P は自分自身の外観を内部で語れるようになるのです．

　最初に，記号（あるいは記号列）a に自然数 $\Phi(a)$ を 1 対 1 に割り振る方法を説明します．今日では，$\Phi(a)$ を a の「ゲーデル数」と呼びます．すべての自然数がどれかの記号のゲーデル数になるわけではありませんが，たとえば論理式のゲーデル数となるような自然数の集合は，論理式全体と 1 対 1 に対応するようにゲーデル数は定義されます．

[2-12] 原始記号と記号列のコード（その1）

体系 P の各原始記号に対し，つぎのようにして自然数を1対1に割り当てていく．まず，

"0" ... 1	"f" ... 3	"$\sim$" ... 5
"$\vee$" ... 7	"Π" ... 9	"(" ... 11
		")" ... 13

とする．さらに，型 n の変項に対しては p^n の形の数（p は13より大きな素数）を割り当てる．こうして，原始記号からなるすべての有限列に（よってすべての論理式にも），自然数の有限列が1対1に対応する．

ゲーデル数は数であって，記号ではありません．ここでは，記号 $0, f, \sim, \ldots$ を記号 $1, 3, 5, \ldots$ に対応させるわけではなくて，$1, 3, 5, \cdots$ が指す数に対応させているのです．「数」というのはイデアールな概念で，記号はレアールな対象です．上では，まず7つの定記号 $0, f, \sim, \vee, \Pi, (,)$ に奇数 $1, 3, 5, 7, 9, 11, 13$ を対応させました．

つぎに変記号ですが，変項は自然数の型をもっているので，異なる型の間で重複が生じないように番号を付ける工夫が必要です．そこで，型 n の変項に対しては，17以上の素数の n 乗を割り振るというものです．つまり，17の n 乗，19の n 乗，23の n 乗というような感じです．単純に17以上の奇数の n 乗としてしまうと，たとえば17の2乗は289の1乗と同じですから，同じ数が異なる変項を表すことになってしまいます．第3節で説明されるように，2以上の型を使わないで定理の証明を行えることがわかっているので，現在の教科書では（型1の）変項に偶数 $2, 4, 6, \ldots$ を割り振ることが多いようです．

いずれにしても記号を一意に数と対応させることが本質であり，これは，ヒルベルトの形式主義の方向とは逆方向の作業であることをくり返し強調しておきたいと思います．

[2-13] 原始記号と記号列のコード（その2）
いま，p_k を（大きさの順で）k 番目の素数として，自然数の有限列を自然数に（再び1対1で）対応させる関数をつぎのように定める．列 $n_1, n_2, \ldots, n_k$ に $2^{n_1} \times 3^{n_2} \times \cdots \times p_k^{n_k}$ を対応させる．こうして，[[ある部分集合における]] どの自然数も，各原始記号に1対1に割り振れるだけでなく，そのような記号の各有限列にも1対1に割り振れる．われわれは，原始記号（あるいは原始記号の有限列）a に割り振る数を $\Phi(a)$ で表す．

つぎに，記号列のゲーデル数を考えます．すでに，記号 a に対し自然数が割り振られているので，自然数列のコードを考えれば十分です．いま，長さ k の自然数列 $n_1, n_2, \ldots, n_k$ に対して，$2, 3, 5, \ldots, p_k$ という k 個の素数をとり，それぞれの n_1 乗，n_2 乗，$\cdots$，n_k 乗を計算して，それらすべての積を求めます．この対応によって，記号列に対しても自然数が一意に決まります．たとえば，記号列 "$ff0$" に対応する数は，$2^3 \times 3^3 \times 5^1$，すなわち 1080 です．

この方法をくり返せば，記号列の列に対してもゲーデル数を割り振ることができます．たとえば，「証明」は論理式の列とみなせるので，論理式に自然数が割り振られていれば，証明には自然数の列が対応し，上記の方法でそれを1つの自然数に対応付けることができます．このとき，たとえ論理式のゲーデル数と証明のゲーデル数が重なる場合があっても，応用上，不都合は生じません．

ここで，もう一度ゲーデル数の割り当て方をまとめておきます．

ゲーデル数

定記号に以下のように自然数を割り当てる:

$$
\begin{array}{cccccc}
0 & f & \sim & \vee & \Pi & (\quad) \\
\vdots & \vdots & \vdots & \vdots & \vdots & \vdots \\
1 & 3 & 5 & 7 & 9 & 11 \quad 13
\end{array} \Longleftarrow 奇数
$$

型 n の変項に以下のように自然数を割り当てる ($n \geq 1$):

$$
\begin{array}{cccc}
x_n & y_n & z_n & \cdots \\
\vdots & \vdots & \vdots \\
17^n & 19^n & 23^n & \cdots
\end{array} \Longleftarrow (素数)^n
$$

以上により原始記号 a に割り当てられる自然数を $\Phi(a)$ で表す.

自然数の列 $\langle n_1, n_2, \ldots, n_k \rangle \mapsto$ 数 $2^{n_1} \times 3^{n_2} \times \cdots \times p_k^{n_k}$ を考える. ただし, p_k は k 番目の素数.

$$
\boxed{記号列} \quad \overbrace{\begin{array}{cccc} \langle a_1, & a_2, & \cdots, & a_k \rangle \\ \vdots & \vdots & & \vdots \\ \langle n_1, & n_2, & \cdots, & n_k \rangle \\ \| & \| & \cdots & \| \\ \Phi(a_1) & \Phi(a_2) & \cdots & \Phi(a_k) \end{array}}^{a} \searrow \atop \nearrow \overbrace{2^{n_1} \times 3^{n_2} \times \cdots \times p_k^{n_k}}^{\Phi(a)}
$$

$\boxed{数列}$

$\Phi(a)$ を記号列 a の <u>ゲーデル数</u> と呼ぶ.

[2-14] メタ数学の算術化

さて，原始記号や原始記号の列の間の関係（あるいは，[[それらの]] クラス）$R(a_1, \cdots, a_n)$ が与えられたとする．これに対して，自然数の間の関係（あるいは，[[それらの]] クラス）$R'(x_1, \cdots, x_n)$ でつぎを満たすようなものがとれる．すなわち，これが $x_1, \ldots, x_n$ で成り立つのは，$x_i = \Phi(a_i)$ $(i = 1, 2, \ldots, n)$ となる $a_1, \ldots, a_n$ が存在して，$R(a_1, \cdots, a_n)$ が成り立つときで，そのときに限る．これまで定義したメタ数学的概念，たとえば「変項」「論理式」「文」「公理」「証明可能な論理式」などに対して，このような方法で自然数の間の関係（あるいは，それらのクラス）が定まり，それらをゴシック体の上に・を付けたもので表すことにする．たとえば，体系 P において決定不能な問題があるという命題は，つぎのように解釈される．a も a の**否定**も**証明可能な論理式**にならないような**文** a が存在する．

ゲーデル数を用いることにより，記号列の性質を，自然数の性質として記述できるようになりました．たとえば，有限個の記号の並び $a_1, a_2, \ldots, a_n$ が論理式を表していることは，対応する自然数の並び $x_1, x_2, \ldots, x_n$ の性質としても，あるいは記号列 a に対応する 1 つの自然数の性質としても記述できます．

記号列 a が論理式であるというメタ数学的概念が，自然数 x が**論理式**というクラスに属するという数学的概念に置き換えられます．なお，原文においては，メタ数学的概念の算術的表現は，ゴシック体に・を付けるかわりに，スモール・キャピタル（小さめの大文字）で表しています．

また，内容をまとめておきましょう．

> **メタ数学の算術化**
>
> 記号 $a_1, \ldots, a_n$ の間の関係 $R(a_1, \cdots, a_n)$ を，つぎで定まる自然数の関係 $R'(x_1, \cdots, x_n)$ として表す．
>
> $R'(x_1, \cdots, x_n) \Leftrightarrow$ 各 i について $x_i = \Phi(a_i)$ となる a_i が存在して, $R(a_1, \cdots, a_n)$.
>
> ---
>
> 記号列 $a = \langle a_1, \cdots, a_n \rangle$ は論理式である． $\Leftarrow$ 　メタ数学
> 　　　　　　　　$\Updownarrow$
> 　自然数 $\Phi(a)$ は**論理式**である． $\Leftarrow$ 　自然数についての記述

　メタ数学的概念が数学的概念に変換されたので，つぎはその数学的概念を体系 P の言語で表し，たとえば，ある記号列が論理式であることと，そのゲーデル数が**論理式**に属することを表した論理式が体系 P で証明できることが同値になることを示すことです．このとき，いろいろなメタ数学概念を 1 つ 1 つ形式化して確かめるわけではなく，それらが「再帰的」に定義できることを示し，再帰的な関係は体系 P で表現できることを一気に示します．

　前に，レアールな数学は，有限の記号列を有限的に扱うものだと述べました．記号列を自然数に置き換えれば，自然数から自然数への有限的内容をもった関数の族がここに現れます．ゲーデルはそれを「再帰的関数」と呼びました．現代では「原始再帰的関数」と呼ばれるものに相当するのですが，ここは原文のまま再帰的関数と呼んでおきます．

　自然数あるいは自然数の組を定義域として，自然数を値にとるような関数を「数論的関数」と呼びます．ゲーデルの（原始）再帰的関数も数論的関数です．のちにこの概念は一般化され，計算可能関数や一般再帰的関数が導入されました．また，数論的でない関数にも定義が広げられました．チューリング機械によって定まる関数は文字列から文字列への部分関数とみることができ，これを使えばイデアールな数の世界を介さずに不完全性定理に類する結果を導くこともできます（補遺を参照）．

[2-15] 再帰的定義

ここでわれわれは，形式体系 P とは当座無関係な補足的考察を挿入したい．まずは，つぎの定義を与える．数論的関数[25] $\phi(x_1, x_2, \cdots, x_n)$ が，2つの数論的関数 $\psi(x_1, x_2, \cdots, x_{n-1})$ と $\mu(x_1, x_2, \cdots, x_{n+1})$ から <u>再帰的に定義</u> されるというのは，任意の $x_2, \ldots, x_n, k$ [26] に対して，以下が成り立つことである．

$$\phi(0, x_2, \cdots, x_n) = \psi(x_2, \cdots, x_n)$$
$$\phi(k+1, x_2, \cdots, x_n) = \mu(k, \phi(k, x_2, \cdots, x_n), x_2, \cdots, x_n) \quad (2)$$

---

[25] すなわち，その定義域は非負整数（もしくは，n 個の非負整数の組）のクラスであり，その値も非負整数である．
[26] 以下では，(添え字の有無にかかわらず) イタリック体の小文字は，(そうでないと断らないかぎり) つねに非負整数の変項である．

関数 ϕ が，2つの関数 ψ と μ から再帰的に定義されるとき，とりあえず x_2 から x_n までのパラメータを無視して考えれば，$\phi(0)$ は関数 ψ を使って計算され，$\phi(k+1)$ は $\phi(k)$ の値を使って関数 μ から計算されることになります．「再帰的」というのは，ϕ の定義の中に ϕ 自身がくり返し現れることを意味します．しかし，これは循環論法ではなく，いわゆる漸化式による定義になっているわけです．体系 P には，$+1$ という自然数の演算しかなかったのですが，それだけから始めて，以下のように足し算とか掛け算とか，そしてもっともっと複雑な関数も定義を積み重ねて構成していくことができます．

足し算 $\phi(k, x) = k + x$ の再帰的定義：$\psi(x) = x$ と $\mu(k, y, x) = y + 1$ から．

$$\begin{cases} \phi(0, x) &= 0 + x &= x &= \psi(x), \\ \phi(k+1, x) &= (k+1) + x &= (k+x) + 1 &= \mu(k, \phi(k, x), x) \end{cases}$$

掛け算 $\phi(k, x) = k \cdot x$ の再帰的定義：$\psi(x) = 0$ と $\mu(k, x, y) = y + x$ から．

$$\begin{cases} \phi(0, x) &= 0 \cdot x &= 0 &= \psi(x), \\ \phi(k+1, x) &= (k+1) \cdot x &= (k \cdot x) + x &= \mu(k, \phi(k, x), x) \end{cases}$$

以上の定義によって和積演算の望ましい性質（例：$x + y = y + x$）が得られることを数学的帰納法で確認してみてください．

[2-16] 再帰的関数

　数論的関数 ϕ が <u>再帰的</u> であるというのは，数論的関数の有限列 $\phi_1, \phi_2, \ldots, \phi_m(=\phi)$ が存在して，構成要素となる各関数 ϕ_k は，定数もしくは後者関数 $x+1$ であるか，その要素よりも前に現れる関数の合成,[27] もしくはそれより前の 2 つの関数から再帰的に定義されることである．再帰的関数 ϕ の <u>次数</u> は，ϕ を定義する関数列 $\phi_1, \phi_2, \ldots, \phi_i(=\phi)$ の最小の i である．自然数の関係 $R(x_1, x_2, \cdots, x_n)$ が <u>再帰的</u> であるとは,[28] 再帰的関数 $\phi(x_1, x_2, \cdots, x_n)$ が存在して，任意の $x_1, x_2, \cdots, x_n$ に対して，以下が成り立つことである．

$$R(x_1, x_2, \cdots, x_n) \sim [\phi(x_1, x_2, \cdots, x_n) = 0]^{29)}$$

---

[27] もう少し正確にいえば，前に現れている 1 つの関数のいくつかの変項の場所に，やはり前に現れているいくつかの関数を代入する．たとえば，$\phi_k(x_1, x_2) = \phi_p[\phi_q(x_1, x_2), \phi_r(x_2)]$ $(p, q, r < k)$．左辺のすべての変項が，右辺に現れる必要はない（これは，再帰図式 (2) についても同様である）．

[28] クラスは，(1 項関係として) 関係に含まれている．もちろん，再帰的関係 R は，任意に与えられた n 個の自然数の組に対して，$R(x_1, \cdots, x_n)$ が成り立つか否かを決定できるという性質をもつ．

[29] 式が何か意味を表すために用いられるとき（とくに，メタ数学的な命題や概念を表すときには），ヒルベルトの記号法を用いる．ヒルベルト＝アッケルマン 1928 を参照．

　最初に，恒等関数 $\psi(x) = x$ は，定数 0 と後者関数から，$\psi(0) = 0$, $\psi(x+1) = \psi(x) + 1$ によって再帰的に定義されますから，次数 3 の再帰的関数です．前頁の例に示したように，足し算 $k+x$ は恒等関数を用いて再帰的に定義されますので，その次数は 4 です．さらに，掛け算 $k \cdot x$ は，とくに足し算を用いて，(定数 0, 後者関数, 恒等関数, 足し算, 掛け算) という列で定義されるので，次数 5 の再帰的関数になります．もっとも，同じ関数が複数の定義をもちうるので，掛け算の次数が 4 以下でないことを確かめるのは簡単ではありません．以下で再帰的関数の性質を調べる際には，再帰的関数の次数ではなく，再帰的関数の定義の次数による帰納法を用います．

　脚注 29 は，メタ数学的議論においては，ヒルベルト＝アッケルマンの論理記号を用いるという意味です．その本の最初の方に，$\sim$ は「同じ意味」ではなく，論理的同値を表すという断り書きがあります．脚注 33 も参照のこと．

[2-17] 4つの定理

つぎの定理が成り立つ．

I. 再帰的関数（関係）の変項に，再帰的関数を代入して得られる関数（関係）は，再帰的である．再帰的関数から図式 (2) によって再帰的に定義される関数は再帰的である．

II. R と S が再帰的関係であるならば，$\overline{R}$ や $R \vee S$ も（そして $R\&S$ も）そうである．

III. 関数 $\phi(\mathfrak{x})$, $\psi(\mathfrak{y})$ が再帰的関数であれば，$\phi(\mathfrak{x}) = \psi(\mathfrak{y})$ は再帰的関係である．[30]

IV. 関数 $\phi(\mathfrak{x})$ と関係 $R(x, \mathfrak{y})$ が再帰的であれば，以下で定義される関係 S, T も再帰的であり，

$$S(\mathfrak{x}, \mathfrak{y}) \sim (Ex)[x \leq \phi(\mathfrak{x}) \& R(x, \mathfrak{y})]$$
$$T(\mathfrak{x}, \mathfrak{y}) \sim (x)[x \leq \phi(\mathfrak{x}) \to R(x, \mathfrak{y})]$$

さらに，以下で定義される関数 ψ もそうである．

$$\psi(\mathfrak{x}, \mathfrak{y}) = \varepsilon x[x \leq \phi(\mathfrak{x}) \& R(x, \mathfrak{y})]$$

ただし，$\varepsilon x F(x)$ は $F(x)$ を成立させる最小の数 x のことで，もしそのような数がなければ 0 とする．

---

[30] ドイツ文字 $\mathfrak{x}$, $\mathfrak{y}$ は，任意の n 組の変項，たとえば $x_1, \ldots, x_n$ の略記に用いる．

再帰的関数（関係）のクラスの性質（閉包条件）に関する 4 つの定理を証明します．定理 I は，再帰的関数のクラスが，代入と再帰的定義に関して閉じていること，定理 II は，同クラスが命題演算に関して閉じていること，定理 III は，2 つの再帰的関数の同値関係が再帰的であること，定理 IV は，再帰的関係のクラスが有界量化記号に関して閉じていることと，再帰的関係を満たす最小の数を有界領域で探す関数が再帰的であることを主張しています．

[2-18] 定理 I, II, III の証明

定理 I は,「再帰的」の定義からただちに得られる. 定理 II と III は, 論理的概念 $\overline{}$, $\vee$, $=$ に対応する数論的関数

$$\alpha(x), \quad \beta(x,y), \quad \gamma(x,y)$$

が再帰的であるという容易にわかる事実から導かれる. ここで,

$$\alpha(0) = 1, \quad \alpha(x) = 0 \ (x \neq 0 \text{ のとき}),$$

$$\beta(0,x) = \beta(x,0) = 0, \quad \beta(x,y) = 1 \ (x, y \text{ がともに} \neq 0 \text{ とき}),$$

$$\gamma(x,y) = 0 \ (x = y \text{ のとき}), \quad \gamma(x,y) = 1 \ (x \neq y \text{ のとき}).$$

定理 I の証明. 再帰的関数から再帰的に定義されるものは再帰的であることは定義から明らかです. また, 再帰的関数に再帰的関数を代入して得られるものは, 再帰的関数の合成に他なりませんから, これも再帰的になるのは明らかです.

定理 II の証明. R と S が再帰的関係であるならば, R の否定, R または S, R かつ S も再帰的であることを示します. そのため, R と S がそれぞれ再帰的な関数 ϕ と ψ で表されているとします. このときに $\overline{R}$ や $R \vee S$ を表すような再帰的な関数を定義します.

最初に否定を表すような関数 α を再帰的に定義して, α と ϕ を合成することによって $\overline{R}$ を定義します. 関数 $\alpha(x)$ は, $x = 0$ のときに 1, $x \neq 0$ のときに 0 の値をとる関数です. その再帰的な定義は, $\alpha(0) = 1$ かつ $\alpha(k+1) = 0$ とすればよいだけです. $R(\mathfrak{x})$ が成り立てば, $\phi(\mathfrak{x}) = 0$ であり, $\alpha(\phi(\mathfrak{x})) = 1$ となって, $\overline{R}(\mathfrak{x})$ は成り立ちません. 逆も同様です.

$R \vee S$ は, β という再帰的関数を用いて表します. β は基本的に掛け算で, 値が 1 以上のときは, 切り捨てて 1 にする操作を加えればよいだけです. たとえば, $\beta(x,y) = \alpha(\alpha(x \cdot y))$ とすればよいでしょう. 掛け算の意味を考えると $\phi \cdot \psi$ が 0 になるのは ϕ が 0 か ψ が 0 のときになるので, $R \vee S$ を表して

いることになります．最後に $R\&S$ は，ド・モルガンの法則を用いて，$\overline{\overline{R}\vee\overline{S}}$ と定義してもよいし，直接足し算と α で定義することもできます．

定理 III の証明．ϕ と ψ が再帰的関数であるときに $\phi(\mathfrak{x})=\psi(\mathfrak{y})$ という関係が再帰的関係になるということです．$\mathfrak{x}$ と $\mathfrak{y}$ は重複を許す変項列です．まず，いくつか必要な再帰的関数を定義します．

関数 $M(x)$ で，$x-1$，つまり x の前の数を表します．いまは自然数だけを扱っているので $M(0)$ は 0 にしておきます．再帰的な定義を書けば，つぎのようになります．
$$M(0)=0,\quad M(x+1)=x.$$

この M を使って，今度は引き算を定義します．引きすぎてマイナスになる場合は 0 と定めるので，引き算に・（ドット）を付けて $\dotdiv$ で表します．0 を引く場合は何もしないのと同じで，$k+1$ を引く場合はまず k を引いて，まだ 1 が引けたら引くことになります．再帰的定義は，以下のようです．
$$x\dotdiv 0=x,\quad x\dotdiv(k+1)=M(x\dotdiv k).$$

これで引き算が定義できました．

引き算を使って，$\gamma(x,y)=(x\dotdiv y)+(y\dotdiv x)$ と定義します．すると，x と y が一致するとき，かつそのときに限って $\gamma(x,y)=0$ になります．この γ を用いれば，ϕ と ψ が一致することは $\gamma(\phi(\mathfrak{x}),\psi(\mathfrak{x}))=0$ と表せますので，等号は再帰的に定義可能ということになります．

定理 I, II, III で，再帰的関数や関係のクラスが，命題論理演算 $\overline{}$, $\vee$ や等号 = に関して閉じていることがわかりました．しかし，この条件を量化記号にまで拡張することはできません．つまり $R(x,\mathfrak{y})$ が再帰的関係でも，$\exists x R(x,\mathfrak{y})$ という関係は再帰的にならない場合があります．あとで厳密に定義される「証明可能性」を表す関係 $\mathrm{Bew}(x)$ がその代表例です．同じように，$\forall x R(x,\mathfrak{y})$ も再帰的ではなくなることがあります．再帰性を保つためには，定理 IV のように x の動く範囲を有界にしておく必要があります．その証明はかなり長くなります．

[2-19] 定理 IV の証明

定理 IV の証明を簡単に述べる．まず，仮定により

$$R(x, \mathfrak{y}) \sim [\rho(x, \mathfrak{y}) = 0]$$

となる再帰的関数 $\rho(x, \mathfrak{y})$ が存在する．

いま，再帰性の図式 (2) を用いて，関数 χ をつぎのように定義する．

$$\chi(0, \mathfrak{y}) = 0,$$

$$\chi(n+1, \mathfrak{y}) = (n+1) \cdot a + \chi(n, \mathfrak{y}) \cdot \alpha(a).^{31)}$$

ここで

$$a = \alpha[\alpha(\rho(0, \mathfrak{y}))] \cdot \alpha[\rho(n+1, \mathfrak{y})] \cdot \alpha[\chi(n, \mathfrak{y})].$$

したがって，$\chi(n+1, \mathfrak{y}) = n+1$（$a=1$ のとき），あるいは $= \chi(n, \mathfrak{y})$（$a=0$ のとき）．[32] ここで，前者のケースが生じるのは，a の各因子が 1 になるとき，すなわち，

$$\overline{R}(0, \mathfrak{y}) \text{ かつ } R(n+1, \mathfrak{y}) \text{ かつ } [\chi(n, \mathfrak{y}) = 0]$$

となるときであり，そのときに限る．

このことから，関数 $\chi(n, \mathfrak{y})$ は（n の関数とみて）$R(n, \mathfrak{y})$ が成り立つ最小の n まで [[n は含まない]] 値 0 を取り続け，そこから先は値 n を取り続ける（とくに，$R(0, \mathfrak{y})$ が成り立つ場合は，$\chi(n, \mathfrak{y})$ は定数で $=0$ である）．したがって，

$$\psi(\mathfrak{x}, \mathfrak{y}) = \chi(\phi(\mathfrak{x}), \mathfrak{y}),$$
$$S(\mathfrak{x}, \mathfrak{y}) \sim R[\psi(\mathfrak{x}, \mathfrak{y}), \mathfrak{y}].$$

関係 T は，否定をとることで，S と同様な場合に還元できる．よって，定理 IV が証明された．

---

[31] 関数 $x+y$（足し算）と $x \cdot y$（掛け算）が再帰的である事実は周知とする．

[32] a の定義から明らかなように，a は 0 と 1 以外の値をとり得ない．

証明に入る前に，もう一度定理の主張を見直しておくと，再帰的関係 $R(x, \mathfrak{y})$ に対して，与えられた限界 $\phi(\mathfrak{x})$ までに x が存在して $R(x, \mathfrak{y})$ が成り立つという関係 S は再帰的です．同じように，$\phi(\mathfrak{x})$ 以下ではすべての x に対して $R(x, \mathfrak{y})$ が成り立つという関係 T も再帰的です．最後に，$\varepsilon x[x \leq \phi(\mathfrak{x}) \& R(x, \mathfrak{y})]$ は，$R(x, \mathfrak{y})$ を成り立たせる最小の x を，$\phi(\mathfrak{x})$ 以下で見つけ出し，そのような x がなければ値を 0 とする関数で，それも再帰的になるというのが定理の主張でした．

　まず再帰的関係 R を表す関数を ρ とします．つまり，R が成り立つことを $\rho = 0$ で表現します．つぎに関数 $\chi(n, \mathfrak{y})$ を以下のように再帰的に定義します．$\chi(0, \mathfrak{y}) = 0$ は簡単ですが，$\chi(n+1, \mathfrak{y})$ の定義式が複雑です．まず，α を先ほど定義した関数，つまり 0 と 1 を反転させるような関数とします．これを用いて，$\chi(n+1, y)$ は，$a = 1$ のときには $n+1$ を値とし，$a = 0$ だったら $\chi(n, \mathfrak{y})$ を値とする関数にします．ここで，a は $\alpha[\alpha(\rho(0, \mathfrak{y}))] \cdot \alpha[\rho(n+1, \mathfrak{y})] \cdot \alpha[\chi(n, \mathfrak{y})]$ によって定義されていますが，その役割を分析してみましょう．

　以下簡単のために，パラメタの $\mathfrak{y}$ は省略して述べます．もし $R(0)$ が成り立つとすると $\rho(0) = 0$ ですから，$\alpha(\alpha(\rho(0))) = 0$ となり，n に関係なく $a = 0$ です．すると，最初 $\chi(0) = 0$ に始まって，$\chi(1) = 0, \chi(2) = 0, \chi(3) = 0$, $\cdots$ と，すべての n について $\chi(n) = 0$ です．

　つぎに，$\overline{R}(0)$ が成り立つとして，さらに $R(1)$ が成り立つ場合を考えましょう．すなわち，$\rho(0) = 1, \rho(1) = 0$ であり，$\alpha(\alpha(\rho(0))) \cdot \alpha(\rho(1)) = 1$ です．さらに $\chi(0) = 0$ なので $\alpha(\chi(0)) = 1$ となり，$n = 0$ のときは $a = 1$ であることがわかります．したがって，$\chi(n+1)$ の定義で $n = 0$ とすると $\chi(1) = 1 \cdot 1 + 0 \cdot 0 = 1$ になります．また，$n = 1$ に対しては a の定義の最後の因子が 0 となるので，$a = 0$ です．すると，$\chi(2) = \chi(1) = 1$ で，$n = 2$ に対しても $a = 0$ となります．あとは，$n \geq 3$ にしても同じで，$\chi(n) = 1$ で $a = 0$ です．つまり，$\chi(0)$ のときだけ 0 ですが，$\chi(1)$ のときに 1 になって，あとはずっと 1 が続きます．

　さて，今後は $\overline{R}(0)$ と $\overline{R}(1)$ が成り立つとして，さらに $R(2)$ が成り立つ場合を考えます．すなわち，$\rho(0) = \rho(1) = 1, \rho(2) = 0$ です．まず，$n = 0$

のときは a の定義の第 2 因子が 0 となるので，$a = 0$ です．したがって，$\chi(1) = \chi(0) = 0$ です．また，$n = 1$ のときは $a = 1$ ですから，$\chi(2) = 2$ になります．そのあとは，$n \geq 3$ に対してもずっと $a = 0$ になり，$\chi(n) = 2$ になります．

一般的にいえば，R を成り立たせる最小の数 m よりも小さな n については $\chi(n)$ は 0 となっていて，m 以上の n についてはずっと m の値をとるようになります．もちろん，そのような m が存在しなければ，永遠に 0 です．要するに，$\chi(n)$ は $\varepsilon x \leq nR(x)$ という関数を定義します．

これを使えば，定理 IV の再帰的関数は容易に定義できます．まず，$\chi(\phi)$ という関数を考えればそれは ψ になっていて，その ψ と R を合成すれば S が表されます．最後に，T を表すには，ド・モルガンの法則を使い，まず $\overline{R}$ に対して上と同様に χ を定義し，さらに上の S と同じような定義をしてから，その否定をとればよいのです．

以上によって，定理 IV が証明されました．これらを使って，多くの関数が再帰的関数になることを調べていくことになります．

再帰的関数

本論文の再帰的関数は，今日では「原始再帰的関数」と呼ばれている．定理 VI の $\varepsilon xF(x)$（今日では $\mu xF(x)$ と書く）を，x の変域を制限せずに，ただし $F(x)$ を満たす x は必ず存在すると仮定して，関数の演算子に用いると，今日の「再帰的関数」が得られる．一般化された「再帰的関数」はチューリングの意味の計算可能な関数に一致する．原始再帰的関数のクラスは計算可能な関数のクラスより真に小さく，たとえばアッケルマン関数は原始再帰的でない計算可能な関数である（補遺 A.2 を参照）．

| 解する2 |

原論文第2節（その2）
メタ数学の再帰的表現

すでに証明した定理 I–VI は，再帰的関数や再帰的関係のクラスが，命題論理演算や有界量化子に関して閉じていることを示すものでした．ここでは，それらを頻繁に用いて，いろいろなメタ数学的概念を再帰的関数や関係として定義していきます．先にも述べましたようにヒルベルトの手法がイデアールな抽象数学をレアールな有限記号の世界に埋め込むものだったのに対し，ゲーデルの手法はレアールな記号操作をイデアールな世界の中で「再帰的関数」という形で数学的に捉えなおし，その再帰的関数を証明可能性を通して再びレアールの世界に射影するものです．つまり，レアールな記号操作がレアールに写生できるようにします．これによって，第 1 節で述べた自己言及的表現が可能になり，証明可能性の限界を示すのです．

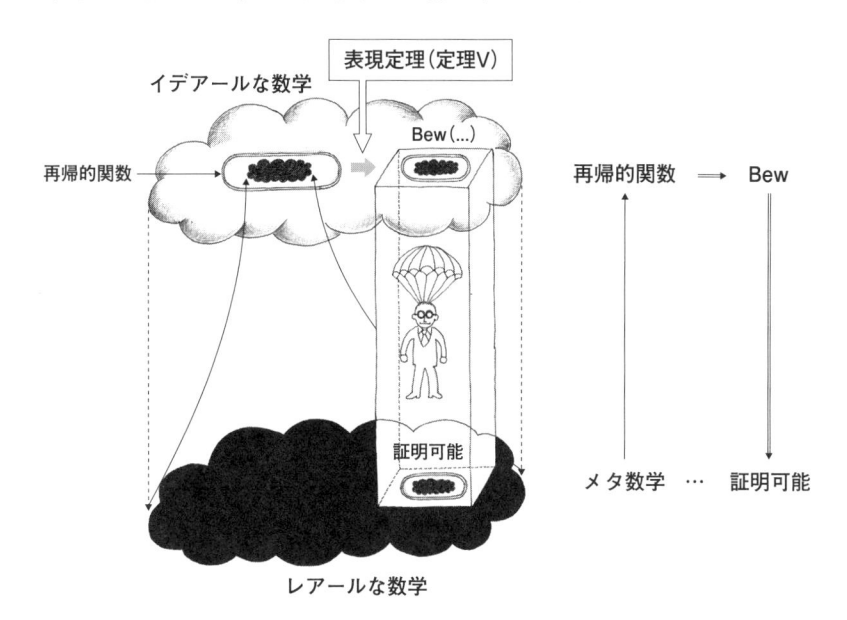

現在の教科書の表現定理は，再帰的関数を証明可能性を使って直接表すものが多いと思います．しかし，原論文では Bew を用いてイデアールな主張としてこの定理を扱います．これは一見複雑にみえますが，理念的に筋が通っているため，形式化して第二不完全性定理に至る道を見通しやすいという大きな利点があります．

[2-20] 45 個の再帰的関数の定義の導入部

　関数 $x+y$, $x \cdot y$, x^y や関係 $x<y$, $x=y$ が再帰的であることは，簡単にわかる．これらから始めて，多くの関数（関係）を定義していくが，以下の 1–45 においては，先のものから後のものが定理 I–IV の手続きを用いて，定義される．これらのほとんどの定義では，定理 I–IV を用いるいくつかのステップを 1 つにまとめている．関数（関係）1–45，たとえばそこに現れる**論理式**，**公理**，**直接帰結**などは，すべて再帰的である．

　これから，45 個の再帰的関数を定義し，それらを踏まえて，46 番目に「証明可能性」を表す関数 Bew(x) を定義します．最後の関数 Bew は再帰的ではありませんが，決定不能命題をつくる核になるものです．そのあと定理 V でこの関数の性質が記述され，それが示されれば，不完全性定理（定理 VI）の証明の完成は目の前です．

　まず最初に，上にあげられている基本的な関数や関係が再帰的であることを確かめておきます．足し算 $x+y$ と掛け算 $x \cdot y$ については，すでに p.59 で示しています．指数関数 x^y の再帰的定義はつぎのようになります．

$$x^0 = 1, \qquad x^{k+1} = x^k \cdot x.$$

不等号については，$x<y \Leftrightarrow \delta(x,y)=0$ を満たす関数 δ が再帰的であることを示せばよく，δ は再帰的関数の合成によってつぎのように定義されます．

$$\delta(x,y) = \alpha(y \dot{-} x).$$

上の α や $\dot{-}$ については，定理 IV とその証明をみてください．最後に，等号は定理 IV で定義しました．

[2-21] 再帰的関数 1–2

1. $x/y \equiv (Ez)[z \leq x \,\&\, x = y \cdot z]$,[33]
   x は y で割り切れる.[34]
2. $\mathrm{Prim}(x) \equiv \overline{(Ez)[z \leq x \,\&\, z \neq 1 \,\&\, z \neq x \,\&\, x/z]} \,\&\, x > 1$,
   x は素数である.

[33] 記号 $\equiv$ は,「定義による同値」の意味で使われている.つまり,諸定義において,それは $=$ か $\sim$ かを表している.(この記号以外,記号法はヒルベルトによる.)

[34] 以下の定義において,$(x), (Ex), \varepsilon x$ のいずれかが現れるところでは,x の範囲がその後に付く.この制限は,定義されるものが再帰的になることを保証する役目をするだけである(定理 IV を参照).しかし,ほとんどの場合には,たとえその制限を外しても,定義されるものの「実体」は変わらないだろう.

最初の関数 x/y は,割り算ではなく,「x が y で割り切れる」という関係を定義しています.それは x より小さな z が存在して $x = y \cdot z$ となるとき,かつそのときに限って値 0 をとる関数です(p.60 参照).前に示したように掛け算 $y \cdot z$ は再帰的な関数ですから,定理 III よりこの等号関係も再帰的になり,そして $z \leq x$ のような制限付きの存在量化記号を付けても全体として再帰的な関係になることが定理 IV からいえます.

つぎの関数 $\mathrm{Prim}(x)$ は「x が素数である」という関係です.￣ は否定記号ですから,$x > 1$ を割り切るような z で,z が 1 でも x でもないようなものは存在しないという主張になります.x は自分自身と 1 以外では割り切れないということです.これが再帰的になることは,定理 II, III, IV からただちにわかります.

最後に脚注 33 に関する注意です.記号 $\equiv$ は,「定義による同値」で,$=$ か $\sim$ かを表すと述べています.$=$ はとくに型 1 の符号の間の同値を表し,$\sim$ は論理式の同値を表す場合に用います.注意しておきたいことは,形式体系 P の論理的同値を表す記号にも $\equiv$ が使われていることです(p.48 参照).

[2-22] 再帰的関数 3–5

3. $0\,Pr\,x \equiv 0$
   $(n+1)\,Pr\,x \equiv \varepsilon y[y \leq x\,\&\,\mathrm{Prim}(y)\,\&\,x/y\,\&\,y > n\,Pr\,x]$,
   $n\,Pr\,x$ は, x の約数となる(大きさの順で) n 番目の素数.[34a]
4. $0! \equiv 1$,
   $(n+1)! \equiv (n+1)\cdot n!$.
5. $Pr(0) \equiv 0$,
   $Pr(n+1) \equiv \varepsilon y[y \leq \{Pr(n)\}!+1\,\&\,\mathrm{Prim}(y)\,\&\,y > Pr(n)]$,
   $Pr(n)$ は(大きさの順で) n 番目の素数.

[34a] z を x の相異なる素因数の個数とすれば, $0 < n \leq z$ に対していえる. $n = z+1$ のときは, $n\,Pr\,x = 0$ となることに注意.

3番目は, 再帰的定義によって, 2変数関数 $n\,Pr\,x$ を定めています. ここで x は任意に固定されたパラメータと考え, n を動かして, x の n 番目の素因数を求めます. $n = 0$ のときは便宜的に値を 0 とします. $(n+1)\,Pr\,x$ は, x の素因数で, n 番目の素因数よりも大きいものの中で最小なもの, つまり $n+1$ 番目の素因数です.

4番目は階乗 $n!$ の再帰的定義です. 0の階乗は1で, $n+1$ の階乗は n の階乗に $n+1$ を掛けたものです.

5番目の関数 $Pr(n)$ は n 番目の素数を表します. 0番目の素数は便宜的に0としておきます. $(n+1)$ 番目の素数は n 番目の素数よりも大きくて, 素数となるものの中で最小のものとして定義されます. ここで, k より大きな素数は, $k!+1$ 以下に必ずみつかるという事実を使います. それが成り立つ理由を述べておきましょう. まず, $k!+1$ は 2 から k のどの数で割っても 1 余りますから, 言い換えれば 2 から k のどの数でも割り切れません. そこで, $k!+1$ の最小の素因数を考えると, それは k より大きいことがわかります. こうして, $k!+1$ 以下の範囲に k より大きい素数があることがわかりました. したがって, $(n+1)$ 番目の素数は $\{Pr(n)\}!+1$ 以下で探せばよく, こうして再帰的関数が定義されます.

[2-23] 再帰的関数 6–7

6. $n\,Gl\,x \equiv \varepsilon y[y \leq x \,\&\, x/(n\,Pr\,x)^y \,\&\, \overline{x/(n\,Pr\,x)^{y+1}}]$,
   $n\,Gl\,x$ は，数 x に対応付けられる数列の n 番目の数（n は 0 より大きく，この数列の長さを超えない）．
7. $l(x) \equiv \varepsilon y[y \leq x \,\&\, y\,Pr\,x > 0 \,\&\, (y+1)\,Pr\,x = 0]$,
   $l(x)$ は，数 x に対応付けられる数列の長さ．

6 番目と 7 番目の関数は同時に検討した方が，仕組みがわかりやすいでしょう．3 番目の関数 $n\,Pr\,x$ は，x の n 番目の素因数を表し，そのような数がないときには，$n\,Pr\,x = 0$ としました．いま，7 番目の関数 $l(x)$ は，$n\,Pr\,x \neq 0$ となる最大の n と定義されています．そこで，x を素因数分解してみると，最大の素因数は $l(x)\,Pr\,x$ であり，x は素数の積として，$x = (1\,Pr\,x)^{y_1} \times (2\,Pr\,x)^{y_2} \times \cdots \times (l(x)\,Pr\,x)^{y_{l(x)}}$ のように一意に表されます．このときに，x は数列 $y_1, y_2, \ldots, y_{l(x)}$ をコードしていると考えます．そして，6 番目の関数 $n\,Gl\,x$ は，この n 番目の要素（独 Glied）y_n を取り出すものです．ただし，$n > l(x)$ のときは，0 とします．

いくつか注意があります．上の定義では，数 x は数列を一意に決定しますが，1 つの数列に対応する数は無限個あります．たとえば，数列 1, 2, 3 を考えると，$2^1 3^2 5^3$ や $2^1 5^2 11^3$ や $5^1 7^2 11^3$ などのいずれもこの同じ数列を表すことになります．そこで，以下で行われることを先取りして述べれば，これらの中から最小のものが選ばれることになります．つまり，数列 $y_1, y_2, \ldots, y_l$ のコードには，$Pr(1)^{y_1} \times Pr(2)^{y_2} \times \cdots \times Pr(l)^{y_l}$ が選ばれていると考えておけばよいのです．ただし，$Pr(n)$ は n 番目の素数です．この最小コード x は，$Pr(l)^{y_1} \times Pr(l)^{y_2} \times \cdots \times Pr(l)^{y_l} = Pr(l)^{y_1 + y_2 + \cdots + y_l}$ 以下であり，したがって $Pr(l)^x$ 以下であることは，定理 IV を使う際に重要になります．

[2-24] 再帰的関数 8–10

8. $x * y \equiv \varepsilon z\{z \leq [Pr(l(x)+l(y))]^{x+y}$ &
   $(n)[n \leq l(x) \to n\, Gl\, z = n\, Gl\, x]$ &
   $(n)[0 < n \leq l(y) \to (n+l(x))\, Gl\, z = n\, Gl\, y]\}$.
   $x * y$ は，2 つの有限数列 x と y を連結する演算に対応する．
9. $R(x) \equiv 2^x$,
   $R(x)$ は x だけからなる数列に対応する（ただし，$x > 0$）．
10. $E(x) \equiv R(11) * x * R(13)$.
    $E(x)$ は「括弧で閉じる」演算に対応する（11 と 13 は，それぞれ原始記号 (と) に対応）．

8番目の関数 $x*y$ は，x と y がそれぞれ数列 $x_1, x_2, \ldots, x_{l(x)}$ と $y_1, y_2, \ldots, y_{l(y)}$ を示しているときに，それらの数列を結合してできる数列 $x_1, x_2, \ldots, x_{l(x)}, y_1, y_2, \ldots, y_{l(y)}$ を示します．このとき，x の長さが $l(x)$ で，y の長さが $l(y)$ ですから，$z = x * y$ の長さは $l(z) = l(x) + l(y)$ です．また，列 z の要素は，x の要素と y の要素から構成されるので，その最小コードは，$Pr(l(x)+l(y))^{x_1+x_2+\cdots+x_{l(x)}+y_1+y_2+\cdots+y_{l(y)}}$ 以下であり，したがって $Pr(l(x)+l(y))^{x+y}$ 以下でもあります．

9番目の関数の右辺 2^x は，$2^0 = 1$, $2^{k+1} = 2^k \cdot 2$ のように再帰的に定義されます．しかし，左辺は，x だけからなる列（独 Reihe）を表しています．たとえば，数列 x, y, z の最小コードが $2^x \times 3^y \times 5^z$ であるように，x だけの列なら 2^x になります．

10番目の関数は，x が示す記号列を ( ) ではさむ演算 (enclosing) です．左括弧の記号は 11 で示されますが，左括弧 1 個からなる列は 2^{11} です．同様に，右括弧 1 個からなる列は 2^{13} となります．いま x が記号列を示すとすれば，それを ( ) ではさんでできる列は $2^{11} * x * 2^{13}$ で示されます．

非常に細かい話が続きますが，われわれの最終目標は体系 P の論理式すべてに数を割り振って，「それが証明可能である」ことを数に関する述語として，体系 P の言葉で表現することです．

[2-25] 再帰的関数 11–15

11. $n \operatorname{Var} x \equiv (Ez)[13 < z \leq x \,\&\, \operatorname{Prim}(z) \,\&\, x = z^n \,\&\, n \neq 0]$,
    x は，型 n の変項．
12. $\operatorname{Var}(x) \equiv (En)[n \leq x \,\&\, n \operatorname{Var} x]$,
    x は，変項．
13. $\operatorname{Neg}(x) \equiv R(5) * E(x)$,
    $\operatorname{Neg}(x)$ は，x の否定．
14. $x \operatorname{Dis} y \equiv E(x) * R(7) * E(y)$,
    $x \operatorname{Dis} y$ は，x と y の選言．
15. $x \operatorname{Gen} y \equiv R(x) * R(9) * E(y)$,
    $x \operatorname{Gen} y$ は，変項 x に関する y の全称化（ただし，x が変項であるという仮定のもとで定める）．

11番目の $n \operatorname{Var} x$ は，「x は型 n の変項である」という2項関係を表しています．ある素数 $z > 13$ があって，$x = z^n$ と表されるならば，先の定義から x は型 n の変項を表すものになっています．12番目の $\operatorname{Var}(x)$ は，x がある型 n の変項を表すものですが，このとき n が x よりも小さくとれることは容易に確かめられるので，定理 IV が使えます．

つぎの3つは，論理演算記号による論理式の合成を表します．以下の説明では，数 x と，x が表現する記号や記号列を厳密に区別しませんので，読者各自が補って読んでください．まず，13番の Neg は x の否定を表します（厳密にいえば，x が示す論理式の否定のコードが $\operatorname{Neg}(x)$ です）．この定義で，5は否定記号 $\sim$ を示しますから，$R(5)$ は列としての $\sim$ です．それと $E(x)$ とを組み合わせると，$\sim(x)$ ができます．つぎに，7は論理記号 $\vee$ に対応しますから，14番の Dis は，$(x) \vee (y)$ を表します．最後に，9は原始記号 Π に対応しますから，15番の Gen は全称化 $x\Pi(y)$ を表します．現代風に書けば，$\forall x(y)$ です．

[2-26] 再帰的関数 16–19

16. $0 \, N \, x \equiv x$
    $(n+1) \, N \, x \equiv R(3) * n \, N \, x,$
    $n \, N \, x$ は「x の前に n 個の f を付ける」演算を表す.
17. $Z(n) \equiv n \, N \, [R(1)],$
    $Z(n)$ は，数 n を表す**数項**.
18. $\mathrm{Typ}'_1(x) \equiv (Em, n)\{m, n \leq x \,\&\, [m = 1 \vee 1 \, \mathrm{Var} \, m] \,\&\, x = n \, N \, [R(m)]\},$ [34b)]
    x は**型 1 の符号**.
19. $\mathrm{Typ}_n(x) \equiv [n = 1 \,\&\, \mathrm{Typ}'_1(x)] \vee$
    $\qquad\qquad [n > 1 \,\&\, (Ev)\{v \leq x \,\&\, n \, \mathrm{Var} \, v \,\&\, x = R(v)\}],$
    x は**型 n の符号**.

[34b)] $m, n \leq x$ は，$m \leq x \,\&\, n \leq x$ のことである（変項が 2 つよりも多い場合も同様）.

16 番目の $n \, N \, x$ は記号（列）x の前に n 個の f を付けて，型 1 の符号を構成するものです．f のコードは 3 ですが，それを記号列とみると $R(3)$ になります．重要なことは，$n \, N \, x$ における x は，体系 P の変記号ではなくて，任意の記号列を表すメタ変数だということです．そこで，とくに x を定記号 0 とおけば，17 番目の式になります．ここで，定記号 0 のコードは 1 で，その記号列は $R(1)$ です．もう一度言い直しますと，$Z(n)$ は，記号 0 の前に記号 f を n 個付けた記号列で，自然数 n を表す数項 (numeral) と呼ばれます．

型 1 の符号には，数項の他に，変記号をもつものがあり，それらを合わせて，x が型 1 の符号であることを表したものが，18 番目の $\mathrm{Typ}'_1(x)$ になります．すなわち，m が定記号 0 か型 1 の変項であって，その前に n 個 f を付けたものが x であるという主張です．もちろん，(Em, n) は $(Em)(En)$ の略記です．このとき，m と n は x よりも小さな数であることに注意します．19 番目の $\mathrm{Typ}_n(x)$ は，n が 1 の場合は 18 で定義した型 1 の符号で，n が 1 よりも大きい場合はその型の変項であるという述語を表します．

[2-27] 再帰的関数 20–22

20. $Elf(x) \equiv (Ey, z, n)[y, z, n \leq x \,\&\, \mathrm{Typ}_n(y) \,\&\, \mathrm{Typ}_{n+1}(z) \,\&\, x = z * E(y)]$,
    x は**基本論理式**.
21. $Op(x, y, z) \equiv x = \mathrm{Neg}(y) \vee x = y \,\mathrm{Dis}\, z \vee$
    $(Ev)[v \leq x \,\&\, \mathrm{Var}(v) \,\&\, x = v \,\mathrm{Gen}\, y]$.
22. $FR(x) \equiv (n)\{0 < n < l(x) \to Elf(n \,Gl\, x) \vee$
    $(Ep, q)[0 < p, q < n \,\&\, Op(n \,Gl\, x, p \,Gl\, x, q \,Gl\, x)]\} \,\&$
    $l(x) > 0$,
    x は**論理式列**で，その各要素は，基本論理式またはそれより前の論理式から論理演算 **否定**，**選言**，**全称化**で得られる．

20番目の $Elf(x)$ は，x が基本論理式 (elementary formula) であることを表します．つまり，型 n の y と型 $n+1$ の z が存在して，x は $z(y)$ の形になります．この x の意味は，「y は z である」もしくは「y は z に属する」ということです．そのような y, z, n が x より小さいところでとれることに注意します．

21番目の $Op(x, y, z)$ は，x が y と z から 1 回の論理演算 (operation) で得られる式であることを表します．すなわち，直観的には x は $\sim(y)$, $(y) \vee (z)$, $v\Pi(y)$ のどれかになります．ここで，$\sim(y)$ は y の**否定**，$y \vee z$ は y と z の**選言**を表します．最後に，$v\Pi(y)$ は，**変項** v に関する y の**全称化**です．

22番目の $FR(x)$ は，論理式の列 x の各要素が基本論理式であるか，それより前の論理式から論理演算で得られることを表します．つまり，x の n 番目の成分 $nGlx$ は，基本論理式であるか，n よりも小さい p と q があって，p 番目の成分 $pGlx$ と q 番目の成分 $qGlx$ から 1 回の演算 $\sim$, $\vee$, Π でつくられます．FR は，論理式 (formula) の列（独 Reihe）の頭文字です．

[2-28] 再帰的関数 23

23. $\text{Form}(x) \equiv (En)\{n \leq (Pr([l(x)]^2))^{x \cdot [l(x)]^2} \,\&$
$\quad FR(n) \,\&\, x = [l(n)] \,Gl\, n\},^{35)}$
x は論理式（すなわち，論理式列 n の最後の要素である）．

---

35) $n \leq (Pr([l(x)]^2))^{x \cdot [l(x)]^2}$ のように上界がとれることは，以下のようにしてわかる．x に対する最短論理式列の長さは，高々 x の部分論理式の個数である．x の部分論理式の個数は，長さ 1 のものが高々 $l(x)$, 長さ 2 のものが高々 $l(x)-1$ などであり，全部でも高々 $l(x)(l(x)+1)/2 \leq [l(x)]^2$ である．したがって，n の素因数は $Pr([l(x)]^2)$ より小さいと仮定でき，その個数は $[l(x)]^2$ 以下で，各ベキの指数は（x の部分論理式だから）x 以下である．

23 番目の $\text{Form}(x)$ ですが，$FR(n)$ を満たす論理式列 n が存在して，その末尾が x になるということです．このとき，n をどの範囲で探せばよいかが問題になります．そのことが，脚注 35 で説明されています．x を末尾にもつような論理式列の長さは x の部分論理式の個数で抑えられます．そのため，x の部分列の個数がいくつあるかを考えますと，長さ 1 のものは x に含まれる記号の個数と同じなので高々 $l(x)$, 長さ 2 の部分列は高々 $l(x)-1$, 長さ 3 のものは高々 $l(x)-2$ となるので，それらを全部足していくと高々 $l(x)(l(x)+1)/2$ です．それをもっと簡単に表せば，$l(x)^2$ で押さえられることになります．x の部分論理式はそれよりずっと少ないはずですが，$l(x)^2$ を上界としておきます．したがって，x に対する論理式列 n の長さもこれで押さえられます．すると，n は 2 のベキから $l(x)^2$ 番目の素数のベキまでを掛け合わせたものになります．ここでの各ベキ指数は，論理式列における対応する要素を表すので，すべて x よりも小さいと考えることができます．すると，各ベキは $(Pr(l(x)^2))^x$ より小さく，したがって $n \leq ((Pr(l(x)^2))^x)^{l(x)^2} = (Pr(l(x)^2))^{x \cdot l(x)^2}$ を得ます．

[2-29] 再帰的関数 24–26

24. $v\,\text{Geb}\,n, x \equiv \text{Var}(v)\,\&\,\text{Form}(x)\,\&$
 $(Ea, b, c)[a, b, c \leq x\,\&\,x = a * (v\,\text{Gen}\,b) * c\,\&$
 $\text{Form}(b)\,\&\,l(a) + 1 \leq n \leq l(a) + l(v\,\text{Gen}\,b)],$
 変項 v は，x の n 文字目で**束縛**されている．
25. $v\,Fr\,n, x \equiv \text{Var}(v)\,\&\,\text{Form}(x)\,\&\,v = n\,Gl\,x\,\&\,n \leq l(x)\,\&\,\overline{v\,\text{Geb}\,n, x},$
 変項 v は，x の n 文字目で**自由**である．
26. $v\,Fr\,x \equiv (En)[n \leq l(x)\,\&\,v\,Fr\,n, x],$
 変項 v は，x に**自由変項**として出現する．

　論理式に含まれる変項が束縛されている（独 gebunden）か，自由（独 frei）かというのは，たいがい一瞥で判断できますが，それをきちんと定義しようとするとそう簡単でもありません．24 番目の $v\,\text{Geb}\,n, x$ の意味は，変項 v が論理式 x の n 字目のところで束縛されていることを表します．これが成り立つとき，x は $a * (v\,\text{Gen}\,b) * c$ というような形をしていて，n 字目は部分式 b の中に現れます．$v\,\text{Gen}$ は，現代的には $\forall v$ と書かれるものですが，これに続く b に含まれるものはすべて v で束縛されることになります．したがって，x の n 字目のところが v によって束縛されていることは，n が $l(a) + 1$ から $l(a) + l(v\,\text{Gen}\,b)$ の間にあるとして表現されます．以上によって，24 番の定義が得られます．

　普通，v で束縛されているかいないかを問題にするのは v の各出現についてですが，24 番の定義では n 番目が v である必要はなく，n 番目の位置が外側の v による影響をもっていることを表します．これに対して，25 番目の関数 $v\,Fr\,n, x$ は，x の n 番目の文字は v であり，その v は束縛されていないことを表します．さらに，26 番目の $v\,Fr\,x$ は，変項 v が論理式 x に自由な出現をもつことを表します．

[2-30] 再帰的関数 27–28

27. $Su\,x\binom{n}{y} \equiv \varepsilon z\{z \leq [Pr(l(x)+l(y))]^{x+y}\,\&\,(Eu,v)[u,v \leq x\,\&$
    $x = u * R(n\,Gl\,x) * v\,\&\,z = u * y * v\,\&\,n = l(u)+1]\}$,
    $Su\,x\binom{n}{y}$ は，x の n 文字目に y を代入したもの (ただし，$0 < n \leq l(x)$).

28. $0\,St\,v,x \equiv \varepsilon n\{n \leq l(x)\,\&\,v\,Fr\,n,x\,\&\,\overline{(Ep)}[n < p \leq l(x)\,\&\,v\,Fr\,p,x]\}$
    $(k+1)\,St\,v,x \equiv \varepsilon n\{n < k\,St\,v,x\,\&\,v\,Fr\,n,x\,\&$
    $\overline{(Ep)}[n < p < k\,St\,v,x\,\&\,v\,Fr\,p,x]\}$,
    $k\,St\,v,x$ は，x において v が (**論理式** x の右端からみて) $k+1$ 回目に**自由**に出現する位置である (ただし，v の自由な出現が $k+1$ 以上ないときは $n=0$).

27 番目の関数 $Su\,x\binom{n}{y}$ は，列 x の n 番目の文字に y を代入 (substitute) するというものです．$n\,Gl\,x$ は論理式 x の n 番目の記号を表していて，それより前の部分が u，後の部分が v になります．そのため，n は $l(u)+1$ になっています．そして，$n\,Gl\,x$ に y を入れた $u*y*v$ が z です．そのような z のうち最小のものをとることになりますが，再帰的関数として定義するために z の上界を求めておかなければなりません．その議論は 8 番目の再帰的関数を定義したときとほぼ同じですが，簡単にみておきましょう．z の長さは $l(x)+l(y)$ 以下なので，最小コードは 2 のベキから $l(x)+l(y)$ 番目の素数のベキまでを掛け合わせたものになります．各ベキ指数は x と y の構成要素ですから，その総和は $x+y$ 以下になります．したがって，$z \leq [Pr(l(x)+l(y))]^{x+y}$ となります．

28 番目はちょっとみた目が複雑です．$k\,St\,v,x = n$ というのは，論理式 x の n 文字目に変項 v が自由に出現し，かつそれよりも後 (右) に v の自由な出現がちょうど k 回あることです．v の自由な出現が $k+1$ 個以上ないときにはその値を 0 とします．また，$k=0$ のときには一番右に現れる自由変項 v の位置を表しています．$0\,St\,v,x$ の定義式をみると，n 文字目に v が自由に現れて，それより右には v の自由な出現がないという主張になっています．さらに，$(k+1)\,St\,v,x$ の定義式では，$k\,St\,v,x$ より左にあり v が自由に出現する位置と $k\,St\,v,x$ の間には v の自由な出現がないと記述されています．つまり，右端からみて v が $k+1$ 回目に自由に出現する位置 (独 Stelle) を示します．

[2-31] 再帰的関数 29–31

29. $A(v,x) \equiv \varepsilon n\{n \leq l(x) \,\&\, n\,St\,v, x = 0\}$,
    $A(v,x)$ は，x において v が**自由**に出現する回数である．
30. $Sb_0(x_y^v) \equiv x$,
    $Sb_{k+1}(x_y^v) \equiv Su[Sb_k(x_y^v)]\binom{k\,St\,v,x}{y}$
31. $Sb(x_y^v) \equiv Sb_{A(v,x)}(x_y^v),$[36]
    $Sb(x_y^v)$ は，先に定義した概念 **Subst** $a\binom{v}{y}$ である．[37]

---

[36] v が変項でないか，x が論理式でないときは，$Sb(x_y^v) = x$ とする．
[37] $Sb[Sb(x_y^v)_w^z]$ の代わりに，$Sb[Sb(x_y^v \,_w^z)]$ と書く（変項が 2 つよりも多い場合も同様）．

29 番目の関数 $A(v,x)$ は，28 番目の関数を使って定義します．x における v の自由な出現の回数（独 Anzahl）は，$n\,St\,x$ が 0 になるような最小の n です．当然ながら，n の最大値は，$l(x)$ になります．

30 番目の関数 Sb_k は，論理式 x において自由に出現する変項 v を右から k 個の出現まで y に置き換えたものです．まず，$k = 0$ は 0 回の置換ですから，そのまま x です．$k+1$ の置換は，右から k 回置き換えたあと，もう 1 個左を置き換えるということです．このとき，右から $k+1$ 番目の位置は，$k\,St\,v,x$ で与えられますから，あとは 27 番目の関数 Su と $Sb_k(x_y^v)$ を一緒に組み合わせれば，$Sb_{k+1}(x_y^v)$ の定義ができます．

30 番目の関数 Sb_k において，$k = A(v,x)$ としたものが，31 番目の $Sb(x_y^v)$ です．この関数は，論理式 x の変項 v の自由な出現をすべて y に置き換えたものになります．Subst $a\binom{v}{y}$ については，p.47 の [2-6] を参照してください．

[2-32] 再帰的関数 32–33

32. $x \operatorname{Imp} y \equiv [\operatorname{Neg}(x)] \operatorname{Dis} y,$
$x \operatorname{Con} y \equiv \operatorname{Neg}\{[\operatorname{Neg}(x)] \operatorname{Dis}[\operatorname{Neg}(y)]\},$
$x \operatorname{Aeq} y \equiv (x \operatorname{Imp} y) \operatorname{Con}(y \operatorname{Imp} x),$
$v \operatorname{Ex} y \equiv \operatorname{Neg}\{v \operatorname{Gen}[\operatorname{Neg}(y)]\}.$

33. $n \, Th \, x \equiv \varepsilon y \{ y \leq x^{(x^n)} \, \& \, (k)[k \leq l(x) \rightarrow$
$(k \, Gl \, x \leq 13 \, \& \, k \, Gl \, y = k \, Gl \, x) \vee$
$(k \, Gl \, x > 13 \, \& \, k \, Gl \, y = k \, Gl \, x \cdot [1 \, Pr(k \, Gl \, x)]^n)]\},$
$n \, Th \, x$ は,x の **n 次型上げ** である（ただし,x や $n \, Th \, x$ が**論理式**になっているとき）．

形式的な論理は∨(または)と∼(否定)とΠ(すべての)の論理記号だけを使っていますが,略記として「ならば (implication)」,「かつ (conjunction)」,「同値である（独 Aequivalenz)」,「存在する (existence)」も導入しておきます．$x \operatorname{Imp} y$ は,「x ならば y」という意味ですが,それは $(\sim (x)) \vee (y)$ と論理的に同値です．$x \operatorname{Con} y$ は,「x かつ y」という意味ですが,ド・モルガンの法則を使って,$\sim ((\sim (x)) \vee (\sim (y)))$ で定義します．$x \operatorname{Aeq} y$ は,同値を表し,「x ならば y,かつ y ならば x」で定義します．最後に,$v \operatorname{Ex} y$ は,「ある v について,y」ということですが,やはりド・モルガンの法則から $\sim (v \Pi (\sim (a)))$ と定義します．

33 番目の $n \, Th \, x$ は型上げ（独 Typenerhohung）の関数です．公理系 P において,変項はそれぞれ型数をもっています．$n \, Th \, x$ は,論理式 x に含まれる変項の型数をいっせいに n 上げてつくられる論理式を表します．x を構成する記号のうち,13 以下のゲーデル数をもつものは,定記号なのでそのままにします．13 を超えるコードをもつ記号は,素数 $p > 13$ の m 乗という形で型 m の変項を表します．したがって,x を構成する変項 p^m は,いっせいに p^{m+n} に置換します．定義式において,$k \, Gl \, x$ が p^m であれば,$1 \, Pr(k \, Gl \, x)$ が p となることに注意してください．また,この論理式のコードが $x^{(x^n)}$ 以下になることも明らかです．なお,定項をそのままにして,変項のみ型数を変更すると,置換結果が論理式になるかどうかはわかりません．

[2-33] 再帰的関数 34–36

3つの数 z_1, z_2, z_3 は，公理 I の 1, 2, 3 に対応するものとして，以下を定義する．

34. $Z\text{-}Ax(x) \equiv (x = z_1 \lor x = z_2 \lor x = z_3)$.
35. $A_1\text{-}Ax(x) \equiv (Ey)[y \leq x \,\&\, \mathrm{Form}(y) \,\&\, x = (y \operatorname{Dis} y) \operatorname{Imp} y]$,
    x は，公理図式 II.1 から代入によって得られる**論理式**である．同様に，公理 [[あるいは公理図式]] II.2–4 に対して，$A_2\text{-}Ax, A_3\text{-}Ax, A_4\text{-}Ax$ が定義される．
36. $A\text{-}A(x) \equiv A_1\text{-}Ax(x) \lor A_2\text{-}Ax(x) \lor A_3\text{-}Ax(x) \lor A_4\text{-}Ax(x)$,
    x は，命題論理の公理から代入によって得られる**論理式**である．

いよいよ公理系の翻訳が始まります．34 番目の右辺の数 (独 Zahl) z_1, z_2, z_3 は，それぞれペアノの公理の 1, 2, 3 に対応します．たとえば，z_1 は $\sim (fx_1 = 0)$ のコードになりますが，脚注 21 (p.48) に述べられているように，等号は 2 階の論理式に変換して記述しなければなりません．すなわち，この式を原始記号のみで表せば，$\sim (x_2 \Pi (\sim x_2(fx_1) \lor x_2(0)))$ となり，そのコード z_1 は

$$2^5 3^{11} 5^{17^2} 7^9 11^{11} 13^5 17^{17^2} 19^{11} 23^3 29^{17} 31^{13} 37^{41} 41^{17^2} 43^{11} 47^1 53^{13} 59^{13} 61^{13}$$

です．同じように z_2, z_3 を定義します．そして，$Z\text{-}Ax(x)$ は，x が z_1 であるか，z_2 であるか，z_3 であるかを表しています．

35 番目は，命題論理の公理図式 II.1 を扱うものです．その図式 $p \lor p \supset p$ から代入によって得られる論理式は，ある部分論理式 y があって，$(y \operatorname{Dis} y) \operatorname{Imp} y$ と書けるものです．他の公理図式についても同様に表して，それらを $\lor$ で繋ぎ合わせると，x は命題論理の公理 (axiom) であることを表す 36 番目の論理式 $A\text{-}A(x)$ が得られます．

[2-34] 再帰的関数 37–39

37. $Q(z, y, v) \equiv \overline{(En, m, w)}[n \le l(y) \,\&\, m \le l(z) \,\&\, w \le z \,\&$
$w = m \, Gl \, z \,\&\, w \, \text{Geb} \, n, y \,\&\, v \, Fr \, n, y]$,
z は，y における v の**自由**な出現場所において**束縛**されるような**変項**を含まない．

38. $L_1\text{-}Ax(x) \equiv (Ev, y, z, n)\{v, y, z, n \le x \,\&\, n \, \text{Var} \, v \,\&\, \text{Typ}_n(z) \,\&$
$\text{Form}(y) \,\&\, Q(z, y, v) \,\&\, x = (v \, \text{Gen} \, y)\text{Imp}[Sb(y_z^v)]\}$,
x は，公理図式 III.1 から代入によって得られる**論理式**である．

39. $L_2\text{-}Ax(x) \equiv (Ev, q, p)\{v, q, p \le x \,\&\, \text{Var}(v) \,\&\, \text{Form}(p) \,\&\, \overline{v \, Fr \, p} \,\&$
$\text{Form}(q) \,\&\, x = [v \, \text{Gen}(p \, \text{Dis} \, q)] \, \text{Imp} \, [p \, \text{Dis}(v \, \text{Gen} \, q)]\}$,
x は，公理図式 III.2 から代入によって得られる**論理式**である．

つぎは，述語論理を扱いますが，そのためには変項の自由な出現をチェックしなければなりません．論理式 y の自由変項 v のところに z を代入するときに，その代入によって z に含まれている変項が新たに束縛されないようにします．37 番目の Q はその条件を表しています．Q の定義式の前には否定が付いていますが，それを除いて読んでいくと，まず z の中に変項 w が存在して $(w = m \, Gl \, z)$，y の n 文字目の位置に v が自由に出現しており $(v \, Fr \, n, y)$，w は y の n 文字目の位置で束縛されています $(w \, \text{Geb} \, n, y)$．つまり，$y$ の n 文字目にある自由変項 v を w で置き換えると束縛されてしまいます．文頭に否定が付いているので，そのようなことがないことを Q が表しています．

38 番目は量化記号に関する最初の公理です．v が型 n の変項で，z が型 n の符号であるとき，そして，論理式 y の v に z が代入可能であれば，$x = (v \, \text{Gen} \, y)\text{Imp}[Sb(y_z^v)]$ は，$L_1\text{-}Ax(x)$ を満たします．つまり，x が $\forall v y(v) \supset y(z)$ という形になることです．

39 番目の $L_2\text{-}Ax(x)$ は，x が $\forall v(p \lor q) \to p \lor \forall v q$ という形で，p において v が自由に出現しないことです．

[2-35] 再帰的関数 40–42

40. $R\text{-}Ax(x) \equiv (Eu, v, y, n)[u, v, y, n \leq x \,\&\, n \,\text{Var}\, v \,\&\,$
    $(n+1) \,\text{Var}\, u \,\&\, \overline{u \,Fr\, y} \,\&\, \text{Form}(y) \,\&\,$
    $x = u \,\text{Ex}\,\{v \,\text{Gen}[[R(u) * E(R(v))]\text{Aeq}\, y]\}],$
    x は，公理図式 VI.1 から代入によって得られる**論理式**である．
    公理 V.1 をコードする数を z_4 として，以下を定義する．
41. $M\text{-}Ax(x) \equiv (En)[n \leq x \,\&\, n \,\text{Th}\, z_4].$
42. $Ax(x) \equiv Z\text{-}Ax(x) \vee A\text{-}Ax(x) \vee L_1\text{-}Ax(x) \vee L_2\text{-}Ax(x) \vee R\text{-}Ax(x) \vee$
    $M\text{-}Ax(x).$
    x は**公理**である．

40 番目は内包公理です．内包公理というのは，論理式 y で与える条件を満たすようなものの集合 u が存在するという主張です．現代風の表現では，$\exists u \forall v (u(v) \equiv y)$ になります．定義式を少し詳しくみると，まず条件として，v は型 n の変項であり，u は型 $n+1$ の変項であってかつ論理式 y の中に自由に出現しないということが書かれています．このとき，$\exists u \forall v (u(v) \equiv y)$，すなわち $u \,\text{Ex}\,\{v \,\text{Gen}[[R(u) * E(R(v))]\text{Aeq}\, y]\}$ を x とおけば，$R\text{-}Ax(x)$ を満たします．なお，ゲーデルは内包公理を還元 (reduction) 公理と同等なものとみなしています (p.51)．

41 番目は外延性公理です．そもそもこの公理は，型の一番低い公理 V.1 をもとに型上げで得られるものです．公理 V.1 を素朴に表現すれば，$\forall v(p(v) \equiv q(v)) \to p = q$ ですが，ここで v は型 1 の変項，p と q は型 2 の変項です．これをこの体系の記号に直して，そのままコード化したものが，z_4 になります．そして，$M\text{-}Ax(x)$ は，論理式 x が，ある n に対して z_4 の n 階の型上げになっているという主張です．関数名の M が何を表しているのかは不明ですが，集合（独 Menge）と関係があるかもしれません．

42 番目の再帰的関数 $Ax(x)$ は，x が以上の公理のどれかを表すというものです．つまり，ペアノの公理，命題論理の公理，述語論理の公理，内包公理，外延性公理のいずれかです．

[2-36] 再帰的関数 43–45 と関数 46

43. $Fl(x, y, z) \equiv y = z \operatorname{Imp} x \lor (Ev)[v \leq x \,\&\, \operatorname{Var}(v) \,\&\, x = v \operatorname{Gen} y]$,
    x は y と z の**直接帰結**である．
44. $Bw(x) \equiv (n)\{0 < n \leq l(x) \to Ax(n \operatorname{Gl} x) \lor$
    $(Ep, q)[0 < p, q < n \,\&\, Fl(n \operatorname{Gl} x, p \operatorname{Gl} x, q \operatorname{Gl} x)]\}$
    $\&\, l(x) > 0$,
    x は証明配列である．(すなわち，論理式の有限列で，各要素は公理であるか，先行する論理式の 2 つからの**直接的帰結**である．)
45. $x B y \equiv Bw(x) \,\&\, [l(x)] \operatorname{Gl} x = y$,
    x は**論理式** y の証明である．
46. $\operatorname{Bew}(x) \equiv (Ey) y B x$,
    x は，**証明可能な論理式**である．($\operatorname{Bew}(x)$ は，1–46 の関数のうち，ただ 1 つ再帰的であることを主張できないものである．)

つぎに，推論を形式的に表現します．43 番目の関係 $Fl(x, y, z)$ は，論理式 x が，論理式 y, z の直接的帰結（独 Folge）であることを表します．すなわち，y が $z \to x$ という形をしているか，x が $\forall v(y)$ という形をしているときです．

これらの 2 つの法則によって公理を変形していき証明可能なものを導きます．44 番目の再帰的関数 $Bw(x)$ は，x が論理式の列であり，列の各要素は公理であるか，それより前に現れる p 番目と q 番目の論理式からの直接的な帰結になることを表しています．そのような列 x を証明配列（独 Beweisfigur）と呼び，x の最後の論理式を y とするときに x は y の証明であるといいます．45 番目の再帰的関数 $x B y$ は，x が y の証明であることを表しています．

さて，ここまでは全部再帰的なのですが，最後の 46 番だけは違います．46 番目の関数 $\operatorname{Bew}(x)$ は，論理式 x が証明可能（独 Beweisbar）であることを表します．定義式の右辺において，y が有界でないので，再帰的な関数になりません．この定義が再帰的になっていないということではなく，46 番の関数だけはどうやっても再帰的に定義できません．

[2-37] 定理 V（表現定理）

つぎの定理は，すべての再帰的関係が体系 P の言葉で（論理式の通常の意味解釈のもと）定義可能であるというようにおおよそ述べられる事実に対して，P の論理式の解釈によらない厳密な表現を与えるものである．

定理 V. どの再帰的関係 $R(x_1,\cdots,x_n)$ に対しても，関係符号 r（**自由変記号**[38] $u_1,u_2,\ldots,u_n$ を含む）が存在して，任意の自然数の n 組 $(x_1,\cdots,x_n)$ について，

$$R(x_1,\cdots,x_n) \to \mathrm{Bew}[Sb(r^{u_1\cdots\cdots u_n}_{Z(x_1)\cdots Z(x_n)})], \qquad (3)$$

$$\overline{R}(x_1,\cdots,x_n) \to \mathrm{Bew}[\mathrm{Neg}(Sb(r^{u_1\cdots\cdots u_n}_{Z(x_1)\cdots Z(x_n)}))] \qquad (4)$$

となる．

---

[38] **変項** $u_1,\ldots,u_n$ は任意に選んでおく．たとえば，**自由変項** $17,19,23,\ldots$ に対して，(3) と (4) を成り立たせるような r が必ず存在する．

この定理が，$\mathrm{Bew}(x)$ と再帰的関係を結び付ける基本事実で，「再帰的関係の表現定理」とも呼ばれています．

この主張は，任意の再帰的関係 $R(x_1,\cdots,x_n)$ が，r でコードされた論理式の証明可能性として表現できることです．関係符号 r というのは，一種の論理式（のコード）で，型 1 の自由な変項 $u_1,\ldots,u_n$（のコード）を含んでいます．それらに，数 $x_1,\ldots,x_n$ を表す数項（のコード）$Z(x_1),\ldots,Z(x_n)$ を代入した論理式（のコード）が，$Sb(r^{u_1\cdots\cdots u_n}_{Z(x_1)\cdots Z(x_n)})$ です．$R(x_1,\cdots,x_n)$ が成り立てばその代入した論理式が証明でき，成り立たないときにその否定が証明できることになります．この意味で，再帰的関係 R は，体系 P において関係符号 r で表現されたわけです．

[2-38] 定理 V の証明（その 1）

この定理の証明は，原理的に何ら困難を引き起こすものではなく，ただ長いだけなので，[39]概要だけを与える．$R(x_1, \cdots, x_n)$ が $x_1 = \phi(x_2, \cdots, x_n)$ [40]（ϕ は再帰的関数）の形をした関係であるとして，ϕ の次数に関する帰納法で定理を証明する．

---
[39] 定理 V は，もちろんつぎのような事実の帰結である．再帰的関係 R の場合，任意の数の n 組に対して，関係 R が成り立つかどうかを体系 P の公理を基にして判定できる．

[40] このことからただちに，任意の再帰的関係に対して定理が成り立つことが導ける．なぜなら，そのような関係は，再帰的関数 ϕ が存在して，$0 = \phi(x_1, \cdots, x_n)$ と同値になるからである．

ここでは，$x_1 = \phi(x_2, \cdots, x_n)$ という形で表される関係について，定理を証明します．関係 $R(x_1, \cdots, x_n)$ が再帰的であるとは，再帰的関数 ψ が存在して，$0 = \psi(x_1, \cdots, x_n)$ で表されることでしたが，$x_0 = \psi(x_1, \cdots, x_n)$ という関係に対して定理が成り立てば，$x_0 = 0$ と置くことでただちに本来の定理が導けます．ということで，$x_1 = \phi(x_2, \cdots, x_n)$ の形で表される関係 R について，ϕ の次数に関する帰納法で定理を証明していきます．

このとき，上記の証明にははっきり書かれていませんが，R に対応する関係符号 r が関数を表すことが体系 P で証明されることも同時に示していきます．説明の記述を簡単にするために，符号 r がコードする論理式を $F(u_1, \cdots, u_n)$ として，$Sb(r^{u_1 \cdots\cdots u_n}_{Z(x_1) \cdots Z(x_n)})$ に対応する論理式を $F(z(x_1), \cdots, z(x_n))$ で表します．$z(x)$ は数 x を表す数項で，$Z(x)$ はそのコードになります．すると，(3) の右辺は $F(z(x_1), \cdots, z(x_n))$ が P で証明できることを意味し，(4) の右辺は $\sim F(z(x_1), \cdots, z(x_n))$ が P で証明できることを意味しています．符号 r が関数を表すというのは，(3) の右辺に，さらに（現代表記における）$\forall u_1 (F(u_1, z(x_2), \cdots, z(x_n)) \to u_1 = z(x_1))$ が P で証明できることを付け加えることです．これから (4) が導けるので，(4) はもはや単独に扱う必要はありません．

[2-39] 定理 V の証明（その 2）

次数 1 の関数（すなわち，定数と関数 $x+1$）に対して，定理は明らかである．そこで，いま ϕ の次数が m であると仮定する．それは，より次数の低い関数 $\phi_1, \ldots, \phi_k$ から，関数合成か再帰的定義の適用によって得られている．

まず次数が 1 の場合を考えます．これは，$R(x_1)$ が $x_1 = k$（定数）か，または $R(x_1, x_2)$ が $x_1 = x_2 + 1$ の場合です．たとえば，$k = 5$ のとき，体系 P 内で k を表す符号（数項）$z(5)$ は $fffff0$ であり，$x_1 = 5$ を表す論理式は素朴には $u_1 = z(5)$ です．しかし，厳密には等号 $=$ を原始記号に直す必要があって，$x_2\Pi(x_2(u_1) \supset x_2(z(5)))$ となり（p.48, 脚注 21 を参照），これを $F(u_1)$ とおき，そのコードが r です．このとき，$F(z(5))$ や，$F(u_1) \to u_1 = z(5)$ は自明に証明可能です．したがって，拡張された (3) が成り立ちます．一般の k についても同様です．

つぎに，$x_1 = x_2 + 1$ を表す論理式は $u_1 = fu_2$ であり，さらに，等号 $=$ を原始記号に直した論理式 $F(u_1, u_2)$ のコードが r です．$x_1 = k+1, x_2 = k$ のとき，$z(x_1) = f(z(x_2))$ ですから，$F(z(x_1), z(x_2))$ が証明できることは明らかです．さらに，$F(u_1, z(x_2))$ のときは，$u_1 = f(z(x_2))$ なので，$u_1 = z(x_1)$ も証明可能です．

ϕ の次数が 1 よりも大きいときには，ϕ はそれより次数の低いものから関数合成か再帰的定義によって与えられています．帰納法の仮定から，次数の低い関数は定理を満たしているとして，それらの表現を使って，ϕ の表現を求めていきます．

[2-40] 定理 V の証明（その 3）

帰納法の仮定により，$\phi_1,\ldots,\phi_k$ についてはすでにすべて証明されているので，(3), (4) が成り立つような**関係符号** $r_1,\ldots,r_k$ がそれぞれに対して存在する．$\phi_1,\ldots,\phi_k$ から ϕ を（関数合成や再帰的定義で）定義する手順は，いずれも体系 P で形式的に模倣できる．これができれば，新しい**関係符号** r が $r_1,\ldots,r_k$ から得られる．[41] そして帰納法の仮定を使い，それに対して (3) と (4) が成り立つことは困難なく証明できる．この手順によって，再帰的関係に割り当てられる**関係符号** r [42] は，**再帰的**であるという．

---

[41] この証明を精密に行う場合，r は，意味の助けを借りて間接的に定義するわけには当然いかず，完全に形式的な仕組みの中で定義される．
[42] したがって，通常の解釈の下で，この関係が成り立つという事実を表現するものである．

関数合成の扱いは簡単です．特徴的な例で述べれば，$x_1 = \phi(x_2)$ が $r(u_1,u_2)$ で表され，$x_2 = \psi(x_3)$ が $s(u_2,u_3)$ で表されるとき，それらの合成 $x_1 = \phi \circ \psi(x_3)$ は，2 つの論理式をつなげて $\exists u_2(r(u_1,u_2) \wedge s(u_2,u_3))$ と表せばよいのです．このとき，$x_1 = \phi \circ \psi(x_3)$ であれば，$\exists u_2(r(z(x_1),u_2) \wedge s(u_2,z(x_3)))$ が証明できます．さらに，$\exists u_2(r(u_1,u_2) \wedge s(u_2,z(x_3)))$ が成り立つとき，$s(u_2,z(x_3))$ を成り立たせる u_2 は一意に $z(x_2)$ に決まり，そして $r(u_1,z(x_2))$ を成り立たせる u_1 も一意に $z(x_1)$ に決まって，$u_1 = z(x_1)$ がいえます．

最後に，ϕ が ψ と μ から再帰法で定義されているとします．簡単のため，ϕ は 1 項関係（クラス）で，ψ は数項 c とし，μ は 2 項関係とします．すなわち，ϕ は以下のように定義されているとします．

$$\begin{cases} \phi(0) = c, \\ \phi(k+1) = \mu(k,\phi(k)) \end{cases}$$

このとき，帰納法の仮定より $\mu(x_1,x_2) = x_3$ は関係符号 $s(u_1,u_2,u_3)$ で表されているとします．すると，関係 $\phi(x_1) = x_2$ を定義する論理式は（現代風に）以下のように書けるでしょう．

$$\exists P((P(0,c) \land \forall v(P(0,v) \to v=c)) \land$$
$$\forall v_1, v_3 (\exists v_2 (P(v_1, v_2) \land s(v_1, v_2, v_3)) \equiv P(v_1+1, v_3)) \land P(u_1, u_2))$$

上式が定める関係を $F(u_1, u_2)$ としたとき，上式で存在が主張される関係 P は F そのもので，それ以外にないことが証明できます．したがって，$F(u_1, u_2)$ が $\phi(x_1) = x_2$ の定義になることはほぼ自明です．つまり，$\phi(x_1) = x_2$ であれば，$F(z(x_1), z(x_2))$ が証明でき，かつ $F(z(x_1), u_2)$ となる u_2 の一意性も示すことができます．

上の F と類似した定義で，2 階の変項 P を使わないものが第 3 節で与えられます．そこで再び証明を検討しますので，この定理の説明はこれくらいにしておきます．

解する3

原論文第2節（その3）
第一不完全性定理

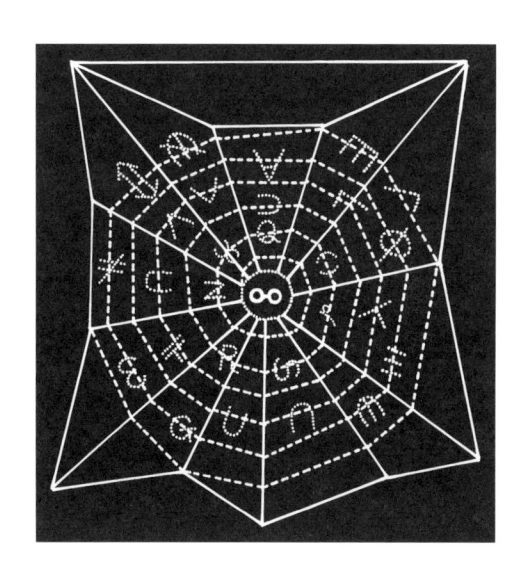

原論文の頂点である定理 VI（第一不完全性定理）が目前に来ました．第 1 節でみましたように，この証明の核心は，自分自身が証明できないことを主張する命題を構成することですが，それを組み立てる道具がようやく揃いました．とくに，つぎの 2 つの要点を確認しておきましょう．

1. メタ数学的概念の多くはゲーデル数を介して再帰的関数や関係で表せる．
2. 再帰的関数や関係は数項を介して論理式の証明可能性で表現できる．

要点 1 について，たとえば「ある記号列が論理式である」というメタ数学的概念を考えてみましょう．これを「ある自然数が論理式のゲーデル数である」というように算術的に言い換えると，有界条件などを考慮した上で，具体的に再帰的関係 $\mathrm{Form}(x)$ として定義することができます (p.78, [2-28])．

要点 2 の主張は定理 V に他なりませんが，これを再帰的関係 $\mathrm{Form}(x)$ に適用すると，つぎを満たす論理式 $\varphi(x)$ が存在します．任意の自然数 n に対し，

$\mathrm{Form}(n)$ のときは，$\varphi(z(n))$ が証明でき，また
そうでないときには，$\neg\varphi(z(n))$ が証明できる．

ただし，$z(n)$ は数 n を表す項です（本文の $Z(n)$ は $z(n)$ のコード）．

さて，定理 VI を証明するためには，証明可能性を表す関係 $\mathrm{Bew}(x)$ を直接扱えると便利なのですが，これは再帰的でないため，代わりに別の再帰的関係に対して定理 V を適用し，やや巧妙な議論を展開することになります．先の理解のために，議論のさわりだけでもみておくと役に立つでしょう．簡単のため，ここでは論理式とそのゲーデル数を区別しません．まず，論理式 y に含まれる変数を数 y の数項で置き換えた論理式を $y(y)$ で表します．そして，「x は，論理式 $y(y)$ の証明ではない」という再帰的関係 $Q(x,y)$ に対して定理 V を適用するのです．すると，それは（数項を介して）ある論理式 $q(x,y)$ の証明可能性によって表現されます．それから，論理式 $\forall x q(x,y)$ を p と置き，さらに $p(p)$ を考えると，これがいわゆるゲーデル文に相当します．つまり，$p(p)$ は $\forall x q(x,p)$ と同値であり，おおよそ「$p(p)$ は証明できない」という意味を表します．

では，詳しく本文をみていきしょう．

[2-41] ω 無矛盾性

さて，われわれの議論はもう終着点にきている．κ を**論理式のクラス**（集合）とする．そして，κ の**論理式**全部とすべての**公理**を含み，**直接的帰結**で閉じた，最小の集合を $\mathrm{Flg}(\kappa)$（κ の帰結の集合）で表す．そして，つぎの条件を満たす**クラス符号** a が存在しないときに，κ は ω <u>無矛盾</u>であるという．

$$(n)[Sb(a{v \choose Z(n)}) \in \mathrm{Flg}(\kappa)] \ \& \ [\mathrm{Neg}(v\,\mathrm{Gen}\,a)] \in \mathrm{Flg}(\kappa),$$

ただし，v は，**クラス符号** a の唯一の**自由変項**である．

もちろん，ω 無矛盾な体系は無矛盾である．しかし，あとでみるように，逆は成り立たない．

今日の「第一不完全性定理」にあたる定理 VI の主張を述べるために，いくつかの用語を準備します．とくに重要なのが，「ω 無矛盾性」の概念です．まず，$\mathrm{Flg}(\kappa)$ は，体系 P の公理に κ の論理式を追加して証明できる論理式の全体で，Flg は，帰結 (Folgerung) の省略です．

κ が ω 無矛盾であるとは，つぎのような意味です．クラス符号 a の変項 v を任意の数 n（を表す数項 $Z(n)$）で置き換えたものが κ からすべて証明できているときは，$\neg \forall v a$ が κ から証明されることはないということです．対偶で考えますと，もしも $\neg \forall v a$ が κ から証明できれば，ある数 n が存在して a に n を代入したものが証明できないということです．どちらにしても何か証明できないものがあるという主張になりますから，ω 無矛盾性が無矛盾性を導くことは明白です．しかし，無矛盾性から ω 無矛盾性は導けません．その例は後で述べます．

[2-42] **定理 VI**（第一不完全性定理）

決定不能性命題の存在についての一般的な結果は，つぎのように表される．

定理 VI. 任意の ω 無矛盾で再帰的な**論理式のクラス** κ に対して，再帰的**クラス符号** r が存在して，$v\,\mathrm{Gen}\,r$ も $\mathrm{Neg}(v\,\mathrm{Gen}\,r)$ も $\mathrm{Flg}(\kappa)$ に属さない．（ここで，v は，r の唯一の**自由変項**である．）

上の定理の主張は，ω 無矛盾かつ再帰的な論理式のクラス κ に対しては再帰的な関係記号 r で $\forall v r$ も $\neg \forall v r$ も $\mathrm{Flg}(\kappa)$ に属さないものがあるということです．それ自身もその否定も κ から証明できないようなクラス符号が存在することになります．

[2-43] 定理 VI の証明（その 1）

証明． ω 無矛盾で再帰的な**論理式**のクラス κ を任意にとる．そして，つぎの定義をする．

$$Bw_\kappa(x) \equiv (n)[n \leq l(x) \to Ax(n\,Gl\,x) \lor (n\,Gl\,x) \in \kappa$$
$$\lor (Ep, q)\{0 < p, q < n\,\&\, Fl(n\,Gl\,x, p\,Gl\,x, q\,Gl\,x)\}]\,\&\, l(x) > 0 \tag{5}$$

（類似の定義 44 をみよ），

$$x\,B_\kappa\,y \equiv Bw_\kappa(x)\,\&\,[l(x)]\,Gl\,x = y \tag{6}$$
$$\text{Bew}_\kappa(x) \equiv (Ey)y\,B_\kappa\,x \tag{6.1}$$

（類似の定義 45, 46 をみよ）．

つぎのことは，ほとんど自明である．

$$(x)[\text{Bew}_\kappa(x) \sim x \in \text{Flg}(\kappa)] \tag{7}$$
$$(x)[\text{Bew}(x) \to \text{Bew}_\kappa(x)] \tag{8}$$

「証明可能である」という概念を，κ という追加公理によって拡張し，Bw_κ という概念を定義します．定理 V などは，この拡張概念 Bw_κ に対しても成り立ち，これを用いて，体系 κ で自分自身が証明できないという命題を構成します．

[2-44] 定理 VI の証明（その 2）

いま，つぎの関係を定義する．

$$Q(x,y) \equiv \overline{x\,B_\kappa[Sb(y_{Z(y)}^{19})]} \tag{8.1}$$

((6) と (5) により) $x\,B_\kappa y$ は再帰的であり，(定義 17 と 31 により) $Sb(y_{Z(y)}^{19})$ は再帰的であるから，$Q(x,y)$ もそうである．したがって，定理 V と (8) によって，**関係符号 q（自由変項 17, 19 を含む）**が存在して，以下が成り立つ．

$$\overline{x\,B_\kappa[Sb(y_{Z(y)}^{19})]} \to \mathrm{Bew}_\kappa[Sb(q_{Z(x)\ Z(y)}^{17\ \ 19})] \tag{9}$$

$$x\,B_\kappa[Sb(y_{Z(y)}^{19})] \to \mathrm{Bew}_\kappa[\mathrm{Neg}(Sb(q_{Z(x)\ Z(y)}^{17\ \ 19}))] \tag{10}$$

最初に，Q という論理式を定義します．この定義において，y がいろいろな意味で使われることが，理解を難しくしていると思います．(8.1) 式の右辺における最初の y はある論理式のゲーデル数を表し，19 は変数 y のゲーデル数で，そして $Z(y)$ は数 y の数項のコードです．そして，「論理式 y の変項 y のところに数 y の数項を代入した論理式が，体系 κ で x によって証明されない」というのが $Q(x,y)$ の意味になります．

大切なところですが，少しわかりにくいので，言い換えをしてみます．たとえば，19 は「変記号 y」のゲーデル数ですが，別の変数「v」のコードだと考えてみましょう．すると定義式は，「ゲーデル数 y をもつ論理式 $\phi_y(v)$ に，数 y（の数項 $Z(y)$）を代入した論理式 $\phi_y(y)$ が，体系 κ で証明 x をもたない」ということになります．

さて，この Q を使い，体系 κ で自分自身が証明できないという命題を構成します．$Q(x,y)$ が再帰的であることから，定理 V などによって，その関係を (9), (10) のように表す関係符号 q が存在するのです．以下で必要な論理式は，$P(y)=$「$\phi_y(y)$ が，体系 κ で証明不可能である」ですが，これを $\forall x Q(x,y)$ と定義してしまうと，再帰的関係にならないので，定理 V が使えません．そこで，$P(y)$ を直接クラス符号で表すのではなく，$\forall x q$ という符号を考えます．

[2-45] 定理 VI の証明（その3）

つぎに p を以下のように定義し，

$$p = 17 \operatorname{Gen} q \tag{11}$$

（p は，**自由変項 19 をもつクラス符号**である），さらに

$$r = Sb(q_{Z(p)}^{19}) \tag{12}$$

（r は，**自由変項 17 をもつ再帰的クラス符号**[43] である）とおく．

---
[43] というのは，r は，再帰的符号 q における**変項**を具体的な数 p に置き換えることで得られるから．[[この脚注の最後の部分（証明には不必要な注釈である）を正確に述べればつぎのようになる．「変項に p の**数項**を代入することで得られる．」]]

最初に，$17 \operatorname{Gen} q$ における 17 は，変項 x を表します．そして，Gen というのは全称記号 (generalization) ですから，すべての x に対して q であるという主張になります．先にも述べましたように，$\forall x Q$ は再帰的ではないので，そのままでは定理 V が使えません．そこで，まず q をつくって，あとで $\forall x$ を付けた p を考えるのです．直観的に，$p(y)$ は「$\phi_y(y)$ が，体系 κ で証明不可能である」ことを表していますが，それを $\operatorname{Bew}_\kappa$ に適用させたものは，$\forall x Q$ と一致するわけではありません．

つぎに，q の変項 y に数項 $z(p)$（コードは $Z(p)$）を代入したものを r とします．すると，r は「x が $p(p)$ の証明でない」ことを表します．

[2-46] 定理 VI の証明（その 4）

このとき，((11) と (12) により）

$$Sb(p_{Z(p)}^{19}) = Sb([17\,\mathrm{Gen}\,q]_{Z(p)}^{19}) = 17\,\mathrm{Gen}\,Sb(q_{Z(p)}^{19}) = 17\,\mathrm{Gen}\,r \quad (13)$$

となる．[44] さらに ((12) によって)，

$$Sb(q_{Z(x)\,Z(p)}^{17\;\;19}) = Sb(r_{Z(x)}^{17}) \quad (14)$$

である．いま，(9) と (10) の y に p を代入し，(13) と (14) を考慮すれば，つぎを得る．

$$\overline{x\,B_\kappa(17\,\mathrm{Gen}\,r)} \to \mathrm{Bew}_\kappa[Sb(r_{Z(x)}^{17})] \quad (15)$$

$$x\,B_\kappa(17\,\mathrm{Gen}\,r) \to \mathrm{Bew}_\kappa[\mathrm{Neg}(Sb(r_{Z(x)}^{17}))] \quad (16)$$

---

[44] もちろん，Gen と Sb の演算は，それらが異なる**変項**について言及している場合にはいつも入れ替えが可能である．

いま，p の変項 y に $Z(p)$ を代入して得られる $p(p)$ は，「$p(p)$ が，体系 κ で証明不可能である」という主張になりますから，$17\,\mathrm{Gen}\,r$ と一致することになります．すなわち，(13) がいえます．$p(p)$ あるいは $17\,\mathrm{Gen}\,r$ は，自らが体系 κ で証明不可能であることを表す論理式のコードになります．

また，r の定義式 (12) において，両辺の変項 x を $Z(x)$ に置き換えると，(14) が得られます．そして，(9), (10) を (13), (14) によって変形すると，(15), (16) になります．これらから，$17\,\mathrm{Gen}\,r$ が κ において証明できないことが以下で示されます．

[2-47] 定理 VI の証明（その 5）

以上から，つぎを生じる．

1. $17\,\mathrm{Gen}\,r$ は，κ 証明可能でない．[45)] というのは，もしもそうであれば，((6.1) により) ある n が存在して，$n\,B_\kappa(17\,\mathrm{Gen}\,r)$ となる．したがって，(16) より，

$$\mathrm{Bew}_\kappa[\mathrm{Neg}(Sb(r^{17}_{Z(n)}))]$$

となる．他方，$17\,\mathrm{Gen}\,r$ が κ 証明可能であれば，$Sb(r^{17}_{Z(n)})$ もそうなる．したがって，κ が矛盾する（さらには，ω 矛盾である）．

[45)] 「x が κ 証明可能である」というのは，$x \in \mathrm{Flg}(\kappa)$ を意味し，したがって (7) により，$\mathrm{Bew}_\kappa(x)$ と同じ意味である．

最初に，$17\,\mathrm{Gen}\,r$ が κ で証明できないことを示します．もし証明できるとすると，(6.1) によって，証明のコードとなるような数 n が存在して，n は $17\,\mathrm{Gen}\,r$ の証明であるといえます．すると，(16) より，$\mathrm{Neg}(Sb(r^{17}_{Z(n)}))$ が証明可能になります．他方，$17\,\mathrm{Gen}\,r$ が証明可能ならば，r の x に任意の数項を代入したものも証明可能になるので，とくに $Sb(r^{17}_{Z(n)})$ が証明可能であり，κ は矛盾します．したがって，κ が矛盾していなければ，$17\,\mathrm{Gen}\,r$ は証明できないということになります．

[2-48] 定理 **VI** の証明（その **6**）

2. $\text{Neg}(17\,\text{Gen}\,r)$ は, κ 証明可能でない. 証明. すでに証明したように, $17\,\text{Gen}\,r$ は κ 証明可能でない. すなわち, ((6.1) により)

$$\overline{(n)\overline{n\,B_\kappa(17\,\text{Gen}\,r)}}$$

が成り立つ. これから, (15) によって,

$$(n)\text{Bew}_\kappa[Sb(r^{17}_{Z(n)})]$$

を得る. これは, $\text{Bew}_\kappa[\text{Neg}(17\,\text{Gen}\,r)]$ とあわせると, κ の ω 無矛盾性に反する.

したがって, $17\,\text{Gen}\,r$ は κ によっては決定不能であり, 以上によって定理 **VI** が証明された.

つぎに, $17\,\text{Gen}\,r$ の否定が証明可能でないことを示します. いま, κ が矛盾していないとすれば, その肯定文は証明不可能なので, 任意の自然数 n に対して, $n\,B_\kappa(17\,\text{Gen}\,r)$ の否定が成り立ちます. そして, (15) より, すべての n に対して, $\text{Bew}_\kappa[Sb(r^{17}_{Z(n)})]$ がいえます. すると, κ の ω 無矛盾性から, $\text{Bew}_\kappa[\text{Neg}(17\,\text{Gen}\,r)]$ が否定されます. つまり, $17\,\text{Gen}\,r$ の否定が証明可能でないことが示されました.

以上の議論がわかりにくければ, 第 1 節の議論と比べてみてください. 実際, やっていることはほとんど同じです. 結局, $17\,\text{Gen}\,r$ は, 「自分自身が証明できない」という主張になっていて, それは証明されても反証されても矛盾を生じるということがここで厳密に吟味されたわけです.

この節の残りの部分では, 上の証明についていくつかの考察が述べられます.

[2-49] 考察 1. 定理 VI の証明は構成的である.

いま与えた証明が構成的であることは,すぐにわかる. [45a) すなわち,以下のことは,直観主義的にも反論し得ない仕方で,証明される.再帰的に定義される**論理式のクラス** κ が任意に与えられているとする.このとき,文である $17\,\mathrm{Gen}\,r$ ([[κ ごとに]] 実際に提示可能)が(κ に基づいて)形式的に真偽判定できれば,つぎを構成的に与えることができる.

1. $\mathrm{Neg}(17\,\mathrm{Gen}\,r)$ の証明
2. 任意に与えられた n に対して,$Sb(r^{17}_{Z(n)})$ の証明

すなわち,$17\,\mathrm{Gen}\,r$ が形式的に決定可能であれば,ω 矛盾性が構成的に示されたことになる.

[45a) なぜなら,証明に現れるすべての存在的言明は定理 V に基づくもので,直観主義的見地からも反論し得ないことは容易にわかる.

ブラウワーの直観主義ないし構成主義では,具体的な構成手続きを与えて初めて,存在が主張できるとされています.そこで,定理 VI に相応する構成的な主張は,つぎのようなものです.命題 $17\,\mathrm{Gen}\,r$ は具体的に構成でき,それに対して証明もしくは反証が与えられたら,ω 矛盾性が構成的に示されます.

命題 $17\,\mathrm{Gen}\,r$ の構成については,すでに与えたもので問題ありません.ω 矛盾性を導くために,定理 VI の証明の最後の部分をもう一度みてみましょう.まず,1 で,$17\,\mathrm{Gen}\,r$ が κ 証明可能でないことを示した議論では,$17\,\mathrm{Gen}\,r$ が κ で証明可能であれば,その否定も κ で証明可能であることを示しました.命題 $17\,\mathrm{Gen}\,r$ が証明もしくは反証できるのがわれわれの前提ですから,いずれの場合も,$\mathrm{Neg}(17\,\mathrm{Gen}\,r)$ の証明が得られます.

つぎに 2 の議論では,$17\,\mathrm{Gen}\,r$ が κ で証明不可能であることから,(15) を用いて $(n)\mathrm{Bew}_\kappa[Sb(r^{17}_{Z(n)})]$ を導きます.しかし,もし $17\,\mathrm{Gen}\,r$ が κ で証明可能であっても,ただちに同じ結論を得ます.したがって,$17\,\mathrm{Gen}\,r$ が形式的に決定可能であれば,κ が ω 矛盾になることが構成的に示されました.

[2-50] 考察 2. 再帰性と決定可能性

(3) と (4)（定理 V を参照）を満たすような n 項の**関係符号** r が存在するときに，自然数の間の関係（もしくはクラス）$R(x_1,\cdots,x_n)$ を<u>決定可能</u>という．したがって，定理 V より，とくに再帰的関係は決定可能である．同様に，このようにして決定可能な関係に対応する**関係符号**は，決定可能であるという．いま，クラス κ について決定不能命題が存在するためには，κ が ω 無矛盾で決定可能であればよい．というのは，決定可能性は κ から $x B_\kappa y$ に引き継がれ ((5), (6) を参照)，そして $Q(x,y)$ に引き継がれる ((8.1) を参照) が，上の証明で用いられるのはこのことだけだからだ．このとき，決定不能命題は，$v \operatorname{Gen} r$ の形をしていて，r は決定可能な**クラス符号**である．(このとき，κ は，κ で拡張された体系において，決定可能であればよい．)

定理 V は，再帰的な関係が証明可能性によって表せることを示していました．すると，その逆が成り立つか，つまり証明可能性によって表せる関係が再帰的であるかという疑問が自然に生じます．しかし，逆は必ずしも成り立ちません．証明可能性によって表せる関係をここでは「決定可能」と呼んでいます．つまり，「決定可能性」は「再帰性」より真に大きなクラスを定めます．したがって，定理 VI の κ に関する条件を再帰的から決定可能に一般化できるというのがここの考察の要点です．なお，現代の用語の使い方では，この論文の「再帰的」は「原始再帰的」で，この論文の「決定可能」は「再帰的」もしくは「計算可能」ともいわれます．

[2-51] 考察 3. ω 無矛盾性

κ が ω 無矛盾であると仮定するかわりに，単に無矛盾であると仮定したら，そのとき決定不能命題の存在は [[上の議論によっては]] 導けないが，そのときでも，性質 (r) が存在して，それに対する反例を与えることも，各自然数についてそれが成り立つことを証明することもできない．というのは，$17\,\mathrm{Gen}\,r$ が κ 証明可能でないという証明においては，κ の無矛盾性だけが使われているからだ ([2-48], p.103)．さらに，$\overline{\mathrm{Bew}_\kappa}(17\,\mathrm{Gen}\,r)$ から，(15) によって，すべての数 x について，$Sb(r^{17}_{Z(x)})$ が κ 証明可能であり，したがってすべての数に対して $\mathrm{Neg}(Sb(r^{17}_{Z(x)}))$ は κ 証明可能でないことがいえる．

つぎに ω 無矛盾性についての考察です．κ には ω 無矛盾という条件が付いていたのですが，これを単なる無矛盾に弱めたらどうなるのかということです．じつは，この原論文が書かれた 5 年後くらいに，定理の仮定を無矛盾に弱めても決定不能命題が構成できることをロッサーが証明しています（p.144 コラム参照）．しかし，この時点でゲーデルにわかっていることは，つぎのことです．

1. $17\,\mathrm{Gen}\,r$ は κ で証明不可能である．
2. $\mathrm{Neg}(17\,\mathrm{Gen}\,r)$ が κ で証明不可能であることは上の証明方法では導けない．
3. すべての数 x に対して，$\mathrm{Neg}(Sb(r^{17}_{Z(x)}))$ は κ で証明不可能である．

ω 無矛盾を仮定すれば，3 から，$\mathrm{Neg}(17\,\mathrm{Gen}\,r)$ の証明不可能性が導かれます．

[2-52] 考察 4. ω 無矛盾性と無矛盾性の違い

いま κ に $\mathrm{Neg}(17\,\mathrm{Gen}\,r)$ を追加すると，無矛盾だが ω 無矛盾でない論理式のクラス κ' を得る．κ' が無矛盾であることは，もしそうでないと $17\,\mathrm{Gen}\,r$ が κ 証明可能になってしまうことからいえる．ω 無矛盾でないことは，つぎのようにしてわかる．まず，$\overline{\mathrm{Bew}_\kappa}(17\,\mathrm{Gen}\,r)$ と (15) によって，$(x)\mathrm{Bew}_\kappa[Sb(r^{17}_{Z(x)})]$ であり，すると当然 $(x)\mathrm{Bew}_{\kappa'}[Sb(r^{17}_{Z(x)})]$ である．しかし，他方で，$\mathrm{Bew}_{\kappa'}(\mathrm{Neg}(17\,\mathrm{Gen}\,r))$ はもちろん成り立つ．[46]

---

[46] もちろん，無矛盾だが ω 無矛盾でない諸クラス κ の存在は，ある無矛盾な κ が存在する（すなわち，P が無矛盾である）という仮定のみによってこうして証明される．

ω 無矛盾なクラスに対して，$\mathrm{Neg}(17\,\mathrm{Gen}\,r)$ を付け加えると ω 無矛盾でない無矛盾なクラスがつくれます．$17\,\mathrm{Gen}\,r$ は証明できないのですから，その否定を付け加えても無矛盾です．ω 無矛盾でないことは，各 x に対して κ で証明できるものは κ' でも証明できますし，$\mathrm{Neg}(17\,\mathrm{Gen}\,r)$ が κ' で証明できるのは定義そのものですから，κ' は ω 無矛盾でなくなります．

論理の基本事実

A は κ で証明可能 $\Leftrightarrow (\kappa + \neg A)$ は矛盾．
A は κ で証明不可能 $\Leftrightarrow (\kappa + \neg A)$ は無矛盾．

[2-53] 考察 5. 有限クラスと型上げ

クラス κ が有限個の**論理式**からなるとき（そして望むなら，**型上げ**によってそれらから得られるものを含めても），定理 VI の特別な場合と考えられる．有限クラス α はもちろん再帰的である．いま，α に含まれる最大数を a とする．このとき，κ については，以下が成り立つ．

$$x \in \kappa \sim (Em,n)[m \leq x \,\&\, n \leq a \,\&\, n \in \alpha \,\&\, x = m\,Th\,n]$$

したがって，κ も再帰的である．これから，たとえばつぎの結論を得る．（すべての型についての）選択公理や一般連続体仮説の助けを借りても，これらの仮定が ω 無矛盾であれば，すべての言明が決定可能にはならない．

不完全性定理の証明には型 3 以上のものは本質的に現れないのですが，体系 P はタイプ理論ですから，選択公理や一般連続体仮説（「任意の無限集合 X に対し，それとそのベキ集合 $\mathcal{P}(X)$ との間に中間濃度の集合は存在しない」という主張）のような集合論的主張も公理として追加できます．このとき，一番低い型の主張を基本にして，それ以外の型については型上げによって得られると考えます．上の文章では，有限個の論理式の型上げ全体が，やはり再帰的になることを示しています．したがって，（すべての型についての）選択公理や一般連続体仮説を公理に加えても決定不能な命題が残ることになります．

ここは書き方がわかりにくく，多少誤植らしきものもあります．少なくともドイツ語の原論文 [14]（および英訳 [15]）と，英訳 [12]（およびそれ以降の版 [13][16]）では，いくつか記号が入れ替わっています．上の訳文は独語原本に従ったもので，英語版では α がすべて κ に直されています．

κ を α から再帰的に定めている上の等式についてですが，そもそも x が n の型上げになっているなら，$n \leq x$ がいえるでしょう．そうすると，a をとる意味はないと思います．真意はよくわかりませんが，いずれにしても型上げによって無限個の公理を付け足しても完全な体系はつくれないということをゲーデルは主張したかったのでしょう．

[2-54] 定理 VI の証明に必要な性質

定理 VI の証明において，他に用いられる体系 P の性質は以下のものだけである．

1. 公理のクラスと推論規則（すなわち「直接的帰結」の関係）は（原始符号を適当に自然数に置き換えて）再帰的に定義される．
2. すべての再帰的関係が（定理 V の意味で）体系 P で定義可能となる．

したがって，仮定 1, 2 を満たし，ω 無矛盾であるどんな形式体系にも，自然数に関する再帰的述語 $F(x)$ が存在して，$(x)F(x)$ という形の決定不能命題がある．このことは，再帰的に定義可能な ω 無矛盾な公理クラスによってこの体系を拡張しても同様である．

定理 VI の証明で使われる P の性質は，ω 無矛盾性の他にはつぎのものだけです．公理や推論規則が再帰的集合や関係として定義されていること，そして再帰的な関係がその体系の中で形式的に表現できることです．つまり，それ自身再帰的な体系で，その中で再帰的な関係がすべて形式的に扱えるなら，自らについて十分語ることができます．それで，あとは ω 無矛盾が仮定されれば，決定不能命題が構成できます．とくにその命題は，再帰的述語 $F(x)$ の前に全称記号を付けた $(x)F(x)$ という形の論理式（現代では Π_1^0 と呼ばれます）になります．体系を拡張することで，決定不能な命題が決定可能になることはありますが，そのようにしても必ず新たに決定不能な算術 (Π_1^0) 命題が得られることになります．

[2-55] 定理 VI の証明に必要な性質

簡単に確かめられるように，仮定 1，2 を満たす体系には，ツェルメロ＝フレンケル＝フォン・ノイマンによる公理的集合論[47]や，ペアノの公理と再帰的定義（図式 (2) による）と論理規則からなる算術の公理系がある．[48] 仮定 1 は，通常の推論規則をもち，（P のように）有限個の図式から代入で得られる公理をもつようなどんな体系でも満たされる．[48a]

---
[47] それに対する仮定 1 の証明は，体系 P に対するものよりもずっと単純になることがわかる．というのは，原始変記号が 1 種類しかない（フォン・ノイマンの体系では 2 種類）からである．
[48] ヒルベルト 1929 の問題 III をみよ．
[48a] この論文のパート II で示されるように，数学のすべての形式体系に不完全性が付いてまわる真の理由は，どんな形式体系においても高々可算個の型しか扱えないのに，より高い型を構成する操作は超限的にくり返せるということにある（ヒルベルト 1926, p.184 をみよ）．つまり，ここで提示された決定不能命題も，さらに高階の型を適当に加えること（たとえば，体系 P に型 ω を加えること）によって決定可能になるのである．同様なことは，集合論の公理系についても成り立つ．

当時，タイプ理論が論理体系の主流だったのですが，集合論では各集合に超限順序数のランクを割り当てることができ，集合論は超限のタイプ理論とみなすこともできます．そうすると，どこまでも大きなランクの集合論が構成できるので，集合論はけっして完成することのない本質的な不完全さをもっていると考えられます．ゲーデルは脚注 48a で，型を上げていっても，完全な理論は得られないという注意をしています．

つぎの第 3 節では，決定不能な命題が，型 2 以上の変記号を使わず，純粋に自然数論の枠組みで構成できることを示します．逆にいえば，1 階の自然数論（今日，ペアノ算術 PA と呼びます）が，それまで素朴に考えられていた以上に豊富な議論を包含しうることが示されたのです．したがって，この論文のあと，ペアノ算術についての研究が急速に進みましたし，ゲーデルの定理も直接ペアノ算術に対して行うのが一般的になりました．

では，これまでの考察をまとめておきましょう．

- 考察のまとめ -

1. $17\,\mathrm{Gen}\,r$ が形式的に決定可能であれば，κ が ω 矛盾になることは構成的に示されている．
2. 定理 VI の κ は，ω 無矛盾で決定可能であればよい．
3. 定理 VI の κ は，単に無矛盾でもよいことが，のちにロッサーによって示された．
4. ω 無矛盾でない無矛盾な κ がある．
5. 型上げを用いても不完全性が消えない．

- 結果の整理 -

定理 VI の証明で要求される体系の性質は，ω 無矛盾性と以下のものである．

1. 公理と推論規則が，再帰的集合や関係として定義されている．
2. すべての再帰的関係が，定理 V の意味で定義可能となる．

このような体系には，自然数の再帰的述語 $F(x)$ が存在して，$(x)F(x)$ という形の決定不能命題がある．

深める

原論文第3節
1階算術への還元

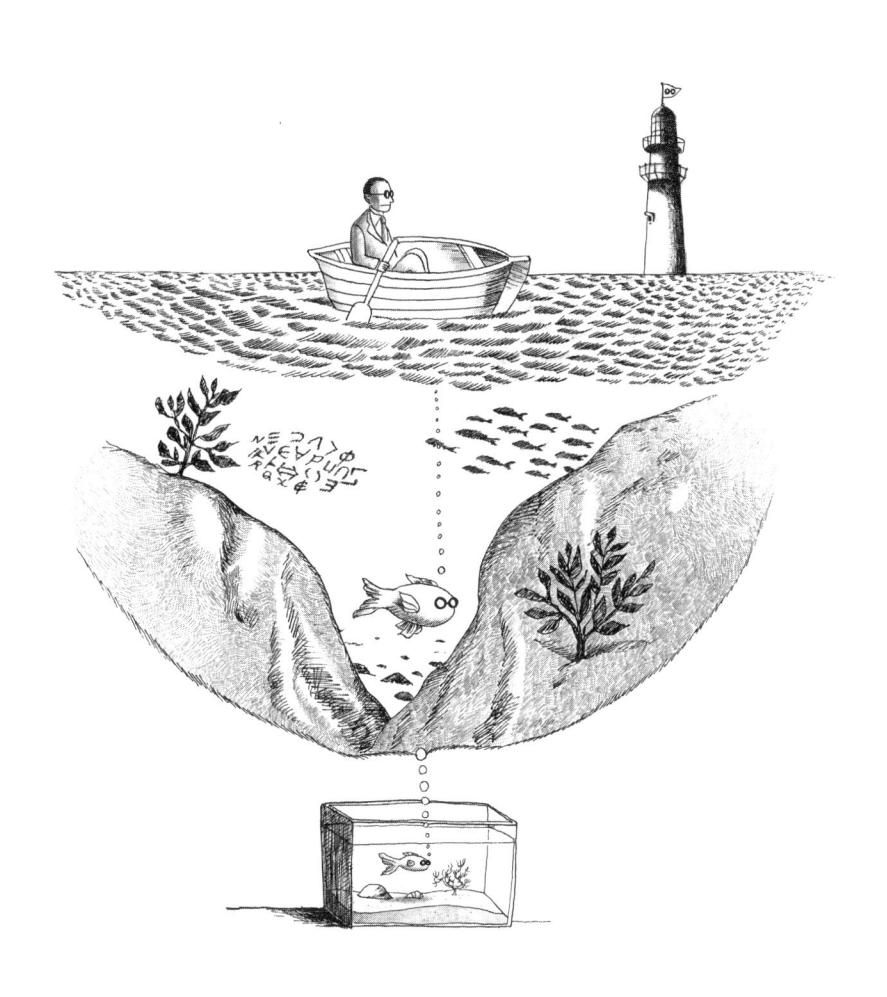

第 2 節で証明された定理 VI は，ゲーデルの体系 P ないしその 2 階部分体系について，決定不能命題の存在を示すものでした．ゲーデルは，1930 年 9 月にケーニヒスベルクの会議で，学位論文の主結果である完全性定理について報告するとともに，タイプ理論に関するこの発見について触れたところ，会議のすぐあとフォン・ノイマンから決定不能な命題が 1 階の算術命題で表現できるかどうかと質問を受けました．その約 1 カ月後に，それに対する肯定的結果といわゆる第二不完全性定理の証明のアイデアを得て，論文の要約をウィーン科学アカデミー紀要に投稿し，さらに 11 月には本論文を投稿しました．

　ゲーデルは，当時もっとも普及していた PM を簡略化した枠組みを使いながら，実際のところは，算術的関数や算術的集合のみを使う自然数論である「2 階算術」を対象にして議論を展開しています．どうして 2 階算術かといえば，ヒルベルトらの証明論がそれを主要な研究対象にしていたこともあるでしょうし，かつてデデキントがそのモデルの範疇性について重要な結果を得ていたこともあります．もしも PM をそのまま使って議論していたら，1 階算術への還元はとても困難であり，第二不完全性定理にもすぐにはつながらなかったでしょう．ちなみに，後年パリスとハーリントンが新しい独立命題を発見した際も，まずは 2 階算術の枠組みを使ってから，1 階算術への還元という形をとっています．

[3-1] 算術的言明

定理 VI からいくつかの結論を導こう．そのため，つぎのような定義を与える．

関係（クラス）が（自然数上の足し算と掛け算）$+, \cdot$ [49]と，論理定記号 $\vee, \overline{}, (x), =$ のみを用いて定義されるとき，<u>算術的</u>であるという．ここで，$(x), =$ は自然数だけに適用される．[50]「算術的言明」も，しかるべく定義される．たとえば，不等号や合同関係が算術的であることは，つぎのことからいえる．

$$x > y \sim \overline{Ez}[y = x + z]$$
$$x \equiv y (\mathrm{mod} n) \sim (Ez)[x = y + z \cdot n \vee y = x + z \cdot n]$$

---

[49] ここ以降はつねにゼロを自然数に含める．
[50] つまり，これらの概念の定義式は，上に挙げた符号，自然数に関する変数 $x, y, \ldots,$ および符号 $0, 1$ のみで構成される（関数や集合についての変記号の出現は許されない）．もちろん，x 以外の変数も，前置量化詞として現れる．

自然数に関する足し算と掛け算，そして上に挙げた基本的な論理記号で定義されるような自然数上の関係を算術的といいます．論理記号について説明しておくと，$\overline{}$ は否定記号で，(x) は「すべての x について」を表す量化記号です．これ以降，1 階の変記号は通常通り「変数」と呼ぶことにします．

たとえば，不等式 $x > y$ は，$y = x + z$ となるような z は存在しないと表せるので，算術的です．ここで，z は 0 または正の数を表す変数です．もう 1 つの例 $x \equiv y (\mathrm{mod} n)$ は，x と y の差が n の倍数であることを表しています．このような関係も算術的です．この節の目的は，算術的な命題に，すでに決定不能なものがあることを示すことです．

[3-2] 定理 VII

すると，つぎが成り立つ．

定理 VII. 再帰的関係は，算術的である．

この定理をつぎのような形で証明する：再帰的関数 ϕ に対して，$x_0 = \phi(x_1, \cdots, x_n)$ の形の関係は算術的である．われわれは，ϕ の次数 s に関する帰納法を用いる．ϕ の次数 $s > 0$ の場合，以下のどちらかである．

1. $\phi(x_1, \cdots, x_n) = \rho[\chi_1(x_1, \cdots, x_n), \chi_2(x_1, \cdots, x_n), \cdots, \chi_m(x_1, \cdots, x_n)]$,
 (ただし，ρ やすべての χ_i の次数は s より小さい．) [51]
2. $\phi(0, x_2, \cdots, x_n) = \psi(x_2, \cdots, x_n)$,
 $\phi(k+1, x_2, \cdots, x_n) = \mu[k, \phi(k, x_2, \cdots, x_n), x_2, \cdots, x_n]$
 (ただし，ψ や μ の次数は s より小さい．)

---

[51] もちろん，$x_1, \ldots, x_n$ のすべてが χ_i に現れる必要はない（脚注 27 の例を参照）．

任意の再帰的関係が算術的であることを示します．これは，再帰的関数の表現定理 V と密接な関係にあり，証明の構成も類似しています．再帰的関数 ϕ に対して，$x_0 = \phi(x_1, \cdots, x_n)$ の形で表される関係について次数に関する帰納法で定理を証明するのも同様です．

再帰的関数の次数というのは，基本となる関数から，関数合成もしくは再帰的定義を何回使ってその関数が得られるかを表す数でした．次数が 0 というのは，定数か，後者関数 $x+1$ のときで，それらは明らかに算術的です．次数が正であるときには，それよりも小さな次数の関数から関数合成か，再帰法でつくられていることになります．

ケース 1 は，ϕ という関数が，それよりも前につくられている $\chi_1, \chi_2, \ldots, \chi_m$ と ρ を合成したものになっている場合です．ここで，ρ は m 変数で，各 χ_i は n 変数です．

ケース 2 は再帰法で，それよりも前につくられている ψ と μ があって，0 のときは ψ で，$k+1$ のときは μ を使って定義される場合です．

[3-3] 定理 VII の証明の続き．関数合成の場合

ケース 1 では，$x_0 = \rho(y_1, \cdots, y_n)$ および $y = \chi_i(x_1, \cdots, x_n)$ と同値になる算術的関係が帰納法の仮定からそれぞれ存在するので，それらを R と S_i とすると，

$$x_0 = \phi(x_1, \cdots, x_n) \sim (Ey_1, \ldots, y_m)[R(x_0, y_1, \cdots, y_m) \,\&\, S_1(y_1, x_1, \cdots, x_n) \\ \&\cdots\& S_m(y_m, x_1, \cdots, x_n)]$$

と表せる．したがって，この場合 $x_0 = \phi(x_1, \cdots, x_n)$ は算術的である．

ケース 1 は，関数合成です．帰納法の仮定から，ρ は算術的関係 R で表され，χ_i は算術的関係 S_i で表されているとします．合成関数の値 $x_0 = \phi(x_1, \cdots, x_n)$ を計算するのは，まず各 $y_i = \chi_i(x_1, \cdots, x_n)$ を計算して，それを ρ に代入し，$x_0 = \rho(y_1, \cdots, y_n)$ を求めることになります．そのことを，R と S_i を使って算術的に表したのが，上の式です．こうして，算術的関係の合成は算術的になることがわかりました．

[3-4] 定理 VII の証明の続き．原始再帰法の場合

ケース 2 を扱うには，つぎの方法を用いる．「数列」(f) [52] の概念を使えば，関係 $x_0 = \phi(x_1, \cdots, x_n)$ は以下のように表せる．

$$x_0 = \phi(x_1, \cdots, x_n) \sim (Ef)\{f_0 = \psi(x_2, \cdots, x_n) \& (k)[k < x_1 \to f_{k+1} = \mu(k, f_k, x_2, \cdots, x_n)] \& x_0 = f_{x_1}\}.$$

$y = \psi(x_2, \cdots, x_n)$ および $z = \mu(x_1, \cdots, x_{n+1})$ と同値になる算術的関係が帰納法の仮定からそれぞれ存在するので，それらを $S(y, x_2, \cdots, x_n)$ と $T(z, x_1, \cdots, x_{n+1})$ とすれば，

$$x_0 = \phi(x_1, \cdots, x_{n+1}) \sim (Ef)\{S(f_0, x_2, \cdots, x_n) \& (k)[k < x_1 \to T(f_{k+1}, k, f_k, x_2, \cdots, x_n)] \& x_0 = f_{x_1}\} \quad (17)$$

となる．

---

[52] ここでの f は，自然数の [[無限]] 列を変域とする変記号である．f_k は列 f の $k+1$ 番目の要素を表す（f_0 が最初の要素）．

再帰的定義が算術的に表現できることを示す前に，まず自然数列 f を用いた表現を与え，あとでその消去を考えます．「数列」f を自然数から自然数への関数と考えれば，$f_k = f(k)$ となります．さて，そこで $\phi(x_1, \cdots, x_n)$ を計算するのに，まず $\psi(x_2, \cdots, x_n)$ の値を f_0 とします．つぎに，$\mu(0, f_0, x_2, \cdots, x_n)$ を f_1 とし，$\mu(1, f_1, x_2, \cdots, x_n)$ を f_2，というように，1 ステップずつ計算して，最後に $\mu(x_1 - 1, f_{x_1-1}, x_2, \cdots, x_n)$ を計算した結果 f_{x_1} が x_0 になります．この計算ステップを $f_0, f_1, f_2, \ldots$ という数列で表したものが f です．そこで，ψ, μ に対する算術的関係 S, T を用いて，$x_0 = \phi(x_1, \cdots, x_n)$ を表せば，(17) のようになることは容易にわかるでしょう．最後に，関数の存在記号 (Ef) をどう処理するかという問題が残されました．

[3-5] 定理 VII の証明の続き（補題 1）

「数列」を「自然数の対」で置き換えるために，自然数の対 n, d に対して，自然数列 $f^{(n,d)}$ ($f_k^{(n,d)} = [n]_{1+(k+1)d}$ とし，$[n]_p$ は n を p で割った余りを表す）を対応させる．

このとき，つぎが成り立つ．

補題 1. f を任意の自然数列とし，k を任意の自然数とするとき，自然数の対 n, d が存在して，$f^{(n,d)}$ と f とは最初の k 項まで一致する．

ここでの目標は，(17) に現れる数列 f の量化記号を自然数の量化記号に書き直すことです．一般的に無限列を自然数に一意に対応させることは不可能ですが，(17) の右辺の真偽においては数列 f の $x_1 + 1$ 項目までしか意味をもたないため，有限列と自然数の間で対応ができれていればいいのです．具体的には，ある自然数の対 n, d でコードされる数列 $f^{(n,d)}$ によって，最初の k 項まで f と一致させられることを示します．$f^{(n,d)}$ はいちおう無限列ではありますが，本質的な内容は有限列です．実際，$f_k^{(n,d)}$ は，n を $1 + (k+1)d$ で割った余りですから，k が小さいところではいろいろな値をとりますが，$1 + (k+1)d$ が n より大きくなるとつねに値 n をとることになります．

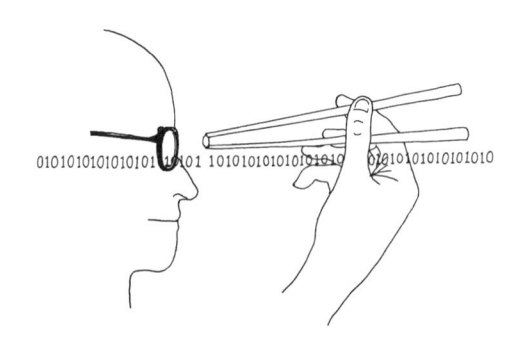

[3-6] 定理 VII の証明の続き（補題 1 の証明）

証明． 自然数 $k, f_0, f_1, \ldots, f_{k-1}$ の最大値を l とする．そして，つぎを満たす n をとる．

$$n \equiv f_i [\mathrm{mod}(1 + (i+1)l!)] \quad \text{ただし，} i = 0, 1, \ldots, k-1.$$

これがとれるのは，自然数 $1 + (i+1)l!$ ($i = 0, 1, \ldots, k-1$) のどの 2 つも互いに素であるからである．もしそうでなければ，それらのうち 2 つに共通素因数 p が存在し，それはそれらの差 $(i_1 - i_2)l!$ の因数にもなっているはずで，さらに $|i_1 - i_2| < l$ だから，$l!$ の因数になる．しかし，これは不可能である．したがって，対 $n, l!$ は，求める性質をもつ．

さて，自然数 $k, f_0, f_1, \ldots, f_{k-1}$ が与えられているとして，その最大値を l とします．そして，つぎの連立合同式を満たす n をとります．$n \equiv f_i [\mathrm{mod}(1 + (i+1)l!)]$ ($i = 0, 1, \ldots, k-1$)．このような自然数 n がとれる理由として，自然数 $1 + (i+1)l!$ のどの 2 つも互いに素である（共通の約数が 1 しかない）からとしか原論文には書かれていませんが，ここで使われる事実は「中国剰余定理」として知られているものです．なお，$n \equiv m [\mathrm{mod}\ k]$ は，n と m の差が k の倍数になることを表します（p.116 を参照）．シリーズ『ゲーデルと 20 世紀の論理学』[11] 第 3 巻にも解説があります（p.52，定理 1.5）．

ここで，自然数 $1 + (i+1)l!$ ($i = 0, 1, \ldots, k-1$) のどの 2 つも互いに素であることを簡単にみておきましょう．まず，l の階乗 $l!$ は，1 から l までの自然数をすべて掛け合わせたものです．$1 + (i_1 + 1)l!$ も $1 + (i_2 + 1)l!$ も素数 p の倍数になっているなら，それらの差 $(i_1 - i_2)l!$ も p の倍数になります．$|i_1 - i_2| < l$ であり，p は素数ですから，2 から l までのどれかが p の倍数になっているはずです．すると，当然 $l!$ や $(i+1)l!$ も p の倍数ですから，$1 + (i+1)l!$ は p の倍数になり得ません（p で割ると必ず 1 余ります）．ということで，中国剰余定理を使う準備が整いました．あとは，この定理で得られる解 n と $d = l!$ を使って，$f_k^{(n,d)} = [n]_{1+(k+1)d}$ とおくだけです．

★ 中国剰余定理 ★

3–5 世紀の中国の算術書『孫子算経』につぎの問題と解法が書かれている．

3 で割ると 2 余り，5 で割ると 3 余り，7 で割ると 2 余る数は何か？

あとで述べるように，この解法には $3 \cdot 5 \cdot 7 = 105$ という数が鍵になるので，江戸時代の和算では百五減算という名で知られた．この種の問題は，古代ギリシャ末期のピタゴラス派数学者ニコマコスの文献にも現れている．

中国剰余定理にも多様なバリエーションがあり，つぎの定式化はガウスによる．

中国剰余定理（ガウス）：整数 $m_1, m_2, \ldots, m_k$ のどの 2 つも互いに素であるとする．このとき，$M = m_1 m_2 \cdots m_k$ とおき，

$$\alpha_i \equiv 0 \ [\text{mod } M/m_i], \quad \alpha_i \equiv 1 \ [\text{mod } m_i] \quad (i = 1, 2, \ldots, k)$$

とするならば，$x = \alpha_1 r_1 + \alpha_2 r_2 + \cdots + \alpha_k r_k$ は

$$x \equiv r_i \ [\text{mod } m_i] \quad (i = 1, 2, \ldots, k)$$

の解である．

証明．$\alpha_i \equiv 0 \ [\text{mod } M/m_i]$ であれば，各 $j \neq i$ に対して，$\alpha_i \equiv 0 \ [\text{mod } m_j]$ となるから，$x \equiv \alpha_i r_i \equiv r_i \ [\text{mod } m_i]$ である．

孫子算経の問題に当てはめ，$m_1 = 3, m_2 = 5, m_3 = 7, M = 105$ とすると，

5×7 の倍数で，3 で割ると 1 余る数は，70.

3×7 の倍数で，5 で割ると 1 余る数は，21.

3×5 の倍数で，7 で割ると 1 余る数は，15.

したがって，求める解（の 1 つ）は

$70 \times 2 + 21 \times 3 + 15 \times 2 = 233$

で与えられる．一般解は，$x \equiv 233 \ [\text{mod } 105]$ となる．最小解を求めるには，233 からつぎつぎと 105 を減じ，233 − 105=128, 128 − 105=23. よって，23 が最小解である．

[3-7] 定理 VII の証明の続き（完結）

関係 $x = [n]_p$ は，
$$x \equiv n \pmod{p} \ \& \ x < p$$
と定義できて，算術的であるから，以下のように定義できる関係 $P(x_0, x_1, \cdots, x_n)$ も算術的である．

$$\begin{aligned}
P(x_0, \cdots, x_n) \equiv (En, d) \{ &S([n]_{d+1}, x_2, \cdots, x_n) \\
&\& (k)[k < x_1 \to T([n]_{1+d(k+2)}, k, [n]_{1+d(k+1)}, x_2, \cdots, x_n)] \\
&\& x_0 = [n]_{1+d(x_1+1)} \}.
\end{aligned}$$

しかし，(17) と補題 1 を用いれば，これは $x_0 = \phi(x_1, \cdots, x_n)$ と同値になる（数列 f が (17) に関知しているのは，最初の $x_1 + 1$ 項目までだけである）．こうして，定理 VII が証明された．

もう一度定理 VII の証明全体を眺めておきましょう．再帰的関数が算術的であることを，再帰的関数の次数に関する帰納法で証明しています．一番重要なステップは，ケース 2 の再帰的定義です．再帰的に定義される関数は，(17) のような論理式で表せますが，そこには数列（関数）f の量化記号が含まれているので，これをうまく自然数の量化にかえる必要があります．(17) の右辺の真偽においては数列 f の $x_1 + 1$ 項目までしか意味をもたないため，ある自然数の対 n, d でコードされる数列 $f^{(n,d)}$ によって，最初の $k (= x_1 + 1)$ 項まで f と一致させられれば十分です．

$f_0^{(n,d)}$ は n を $1 + l!$ で割った余りです．さらに，$f_1^{(n,d)}$ は n を $1 + 2l!$ で割った余り，$f_2^{(n,d)}$ は n を $1 + 3l!$ で割った余り，という具合になります．$1 + l!$，$1 + 2l!$，$1 + 3l!$ などは互いに素です．そして，n をそれらで割るとそれぞれほしい数 f_i が余りとして出るようになっているわけです．したがって，n はとても大きな数で，計算過程 $f_0, f_1, ..., f_{k-1}$ の全データをある種の因数として含んでいることになります．このような n がとれることを保証してくれたのが「中国剰余定理」でした．

[3-8] 定理 VIII

定理 VII によって，$(x)F(x)$（F は再帰的）の形のどんな問題に対しても，それと同値な算術的な問題がある．さらには，（特定の F について）定理 VII の完全な証明が体系 P で形式化できることから，この同値性は P において証明可能である．よって，つぎがいえる．

定理 VIII. 定理 VI で述べたようなどの形式体系にも，[53] 決定不能な算術命題がある．

上の [2-55], p.110 の注意により，集合論の公理系と ω 無矛盾な再帰的公理クラスによるその拡張に対して同じことが成り立つ．

---
[53] これらは，再帰的定義可能な公理クラスを P に加えてできるような ω 無矛盾な体系である．

定理 VI の決定不能命題は，$17\,\mathrm{Gen}\,r$ という形をしていました．この $17\,\mathrm{Gen}$ の部分は，$\forall x$ の意味です．r は再帰的関係ですから，定理 VII によって算術的に表現できます．したがって，決定不能命題全体が，算術的に表現されることになります．定理 VI のままでは，タイプ理論の命題で決定不能なものがあるということでしたが，純粋に自然数論の命題で決定不能なものがあるという主張が定理 VIII です．このあとの議論では，この結果をさらに詳しく検討して，最終ゴールとして，いわゆる第二不完全性定理が得られます．

決定不能な命題が算術的に定義できることが最初からゲーデルにわかっていれば，あえてタイプ理論を土台にした議論をしていなかったでしょう．現代の論理学の教科書に書かれているように，1 階算術に対して不完全性定理を証明して，PM に 1 階算術が埋め込めることを示せばよいのです．しかし，そもそも当時 1 階算術が形式体系として関心をもたれることはほとんどなく，ゲーデルが不完全性定理について議論するうちに，その輪郭が浮かびあがってきたわけです．こういうことが実感できるのが，原論文を読む面白さだと思います．

[3-9] 定理 IX

最後に，つぎのような結果が導かれる．

定理 IX. 定理 VI で述べたどの形式体系 [53]) にも，狭義述語論理 [54]) の決定不能な問題がある（すなわち，狭義述語論理の論理式で，恒真であることも反例が存在することも証明できないものがある）．[55])

---

[53]) 既出．

[54]) ヒルベルト=アッケルマン 1928 をみよ．体系 P における狭義述語論理の論理式は，PM の狭義述語論理の論理式から，上の [2-3]，p.44 に示されているように，関係を高階型のクラスに置き換えてできるものと理解しなけばならない．

[55]) 1930 年に私は，すべての狭義述語論理の論理式は，恒真であることが証明できるか，反例をもつことを示した．しかし，定理 IX によって，この反例の存在は（われわれが考えている形式体系においては）必ずしも証明できるわけでない．

ここで「狭義述語論理」というのは，原文では「制限された関数計算 r.f.c. (restricted functional calculus, 独 engeren Functionenkalküls)」となっていて，ヒルベルト=アッケルマン 1928 で使われている用語です．今日の1階述語論理に相当するもので，実際この本の第2版 (1937) では「狭義の述語論理」という語に置き換えられており（第3版の邦訳 [17]），私たちもそれに準じて，「狭義述語論理」と呼びます（p.18 参照）．なお，「広義の」という意味には，i.e.s. (in the extended sense, 独 im weiteren Sinne) という略語がしばしば使われてます．

体系 P では多項述語を高階の1項述語（クラス）で表していたため，そのまま1階論理にしてしまうと制限が強すぎます．そこで，多項述語を許し，PM の狭義述語論理の論理式に対応するものを P の狭義述語論理の論理式とするというような，ちょっと曖昧で便宜的な定式化になっています（脚注 54）．さらに，脚注 56 で述べられるように，等号の扱いにも注意が必要です．狭義述語論理についてのさらなる説明は，p.127 以降にもあります．

[3-10] 定理 X

これはつぎから導ける．

定理 X. $(x)F(x)$（F は再帰的）の形の問題は，狭義述語論理のある論理式が充足可能であるかどうかの問題に還元できる（すなわち，任意の再帰的な F に対して，狭義述語論理のある論理式をみつけて，それが充足可能であることと $(x)F(x)$ が真であることが同値になるようにできる）．

定理 X の主張は，$(x)F(x)$（F は再帰的）の真偽判定は，狭義述語論理におけるある論理式の充足問題に還元できるというものです．充足するというのは，矛盾していないこと，さらに言い換えると，それを真にするような解釈が存在することです．この定理の証明と解説は，またあとで与えます．定理 X が成り立てば，定理 IX はほぼ明らかでしょう．定理 VI で述べたどの形式体系にも，$(x)F(x)$ の形の決定不能な命題があるわけですから，そこでは 1 階述語論理の充足問題も決定できないことになります．

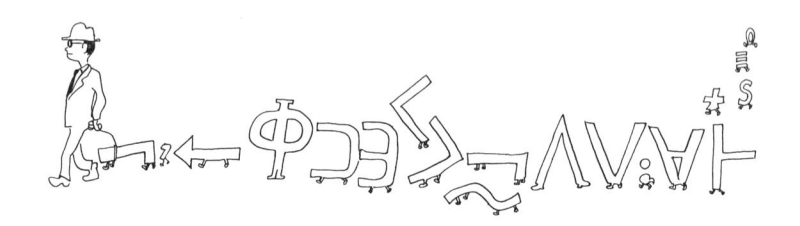

[3-11] 狭義と広義の述語論理（その1）

狭義述語論理 (r.f.c.) の論理式は，つぎの原始符号で構成される表現である：
$\overline{}, \vee, (x), =, x, y, z, \ldots$（個体変記号），$F(x), G(x,y), H(x,y,z), \ldots$（述語，関係変記号）．ここで，$(x)$ と $=$ は，個体のみに適用される．[56] これらの符号に，第3の種類として，個体の関数を表す変記号 $\phi(x), \psi(x,y), \chi(x,y,z)$ などを加える（すなわち，$\phi(x), \psi(x,y)$ などは，いくつかの個体の引数に対して1つの個体を値にとるような関数を表す）．[57] 最初に挙げた r.f.c. の符号に加えて，第3種の変記号を含む論理式を広義の (i.e.s.) 論理式と呼ぶ．[58]「充足可能」「恒真」といった概念は，ただちに i.e.s. 論理式に引き継がれる．

---

[56] ヒルベルト＝アッケルマン 1928 では，狭義述語論理に等号 $=$ を含んでいない．しかし，等号 $=$ を含んだどんな論理式に対しても，等号を含まない論理式が存在して，両者の充足可能性が同値であるようにできる（ゲーデル 1930 をみよ）．

[57] さらに，その定義域はつねに個体全体であると仮定する．

[58] 第3種の変記号は，個体変記号のためのすべての引数の場所に現れることができる．たとえば，$y = \phi(x), F(x, \phi(y)), G(\psi(x, \phi(y)), x)$ など．

　狭義述語論理の議論の対象は「個体」と呼ばれます．たとえば，体系 P の対象として想定される個体は，自然数もしくはそれに準ずるものです．ただし，対象の個体が何であるかは議論の解釈の問題で，形式的な議論で個体を直接扱うわけではありません．形式的な議論に現れるのは，あくまで個体を示す定記号や変記号のような符号です．とくに，ここの言語は，論理記号，個体変記号，個体間の関係変記号だけで構成されています．つぎに述べるように，関数変記号もこれに加えることができます．これを含む論理式を広義の (i.e.s.) 論理式といいます．しかし，関数の関係とか，関数の関数などに対しては何ら記号がありません．また，量化記号 (x) の動く範囲は，想定される個体領域です．そして，$=$ も個体間の同一性を表し，クラスとクラス，関数と関数の等号は定義はできますが，最初から与えられてはいません．

[3-12] 狭義と広義の述語論理（その 2）

そして，任意の i.e.s. 論理式 A に対して，r.f.c. 本来の論理式 B をみつけて，A が充足可能であることと B がそうであることとが同値にできる．A から B を得る方法は，A に現れる第 3 種の変記号 $\phi(x), \psi(x,y), \ldots$ を $(\imath z)F(z,x), (\imath z)G(z,x,y), \ldots$ のような表現で置き換え，PM(I, *14) で使われた方法で「記述的」関数を消去し，$\phi(x), \psi(x,y), \ldots$ のかわりに置かれた $F, G, \ldots$ それぞれについて，それが第 1 引数のただ 1 つの値について [[他の引数がどんな値であっても]] 成り立つということを表現した論理式を論理的に掛け合わればよい．[59]

---

[59] すなわち，論理積（かつ）をとる．

　さて，関数変記号は，関係変記号で置き換えることができるので，それを第 3 種の変記号として使っても形式体系の能力は変わりません．たとえば，$\phi(x) = z$ は，関係 $F(z,x)$ で簡単に表せます．しかし，合成関数を使った表現（例：$\psi(x, \phi(y)) = \phi(x)$）になると，関係記号に直すのは簡単ではありません．ここでは，PM の「記述」(description) を経由する議論が簡単に述べられています．「記述」というのは，「$R(x)$ を満たす（ただ 1 つの）x」のような表現のことで，形式的にはギリシャ文字 ι（イオタ）を上下反転させた記号 $\imath$ を用い，$(\imath x)R(x)$ のように表します．したがって，「記述的」関数というのは，$(\imath z)F(z,x)$ のように表現されるもののことです．これらを使って関数変記号を消去することは簡単ですが，それから記述的表現を消去するのはかなり面倒な作業で，『プリンキピア・マテマティカ』第 1 巻の *14 にもその手続きがシステマティックに書かれているわけでありません．それができたとして，最後に $F, G, \ldots$ が関数を表すという命題 $\forall x \forall y \exists ! z G(z, x, y), \ldots$ のすべてを連言 $\wedge$ で結べというのです．ここで，$\exists ! z$ は「z がただ 1 つ存在する」という意味です（通常の $\forall$ や $\exists$ で表現すると，どうなるか考えてみてください）．

[3-13] 定理 X の証明（その 1）

いま，$(x)F(x)$（F は再帰的）の形をしたどんな問題も，ある i.e.s. 論理式の充足可能性に関する問題と同値になることを示す．すると，いま述べた注意によって，定理 X が成り立つ．

F が再帰的であれば，再帰的関数 $\Phi(x)$ が存在して，

$$F(x) \sim [\Phi(x) = 0]$$

となる．$\Phi(x)$ に対して，再帰的関数の列 $\Phi_1, \Phi_2, \ldots, \Phi_n$ が存在して，$\Phi_n = \Phi$, $\Phi_1 = x+1$, かつ各 Φ_k $(1 < k \leq n)$ は以下のいずれかを満たす．

1. $(x_2, \ldots, x_m)[\Phi_k(0, x_2, \cdots, x_m) = \Phi_p(x_2, \cdots, x_m)]$,
   $(x, x_2, \ldots, x_m)\{\Phi_k[\Phi_1(x), x_2, \cdots, x_m]$
   $= \Phi_q[x, \Phi_k(x, x_2, \cdots, x_m), x_2, \cdots, x_m]\}$
   ただし $p, q < k$,[59a] (18)
2. $(x_1, \ldots, x_m)[\Phi_k(x_1, \cdots, x_m) = \Phi_r(\Phi_{i_1}(\mathfrak{x}_1), \cdots, \Phi_{i_s}(\mathfrak{x}_s))]$,
   ただし $r < k$, $i_v < k$ $(v = 1, 2, \ldots, s)$,[60] (19)
3. $(x_1, \ldots, x_m)[\Phi_k(x_1, \cdots, x_m) = \Phi_1(\Phi_1(\cdots \Phi_1(0)) \cdots)]$. (20)

[59a] [[(18) の論理式では，脚注 27 の最後の文章が考慮されていなかった．しかし，実際には，右辺の変数が少なくなる場合の明確な定式化が，証明の形式的妥当性のためにここでは必要である．そうでなければ，恒等関数 $f(x) = x$ を初期関数に加えておく必要がある．]]

[60] 各 $\mathfrak{x}_i$ $(i = 1, 2, \ldots, s)$ は，変数 $x_1, x_2, \ldots, x_m$ からなる有限列を表す．たとえば，x_1, x_3, x_2 である．

$(x)F(x)$（F は再帰的）の形をしたどんな問題も，狭義述語論理の充足可能性に関する問題と同値になることを示します．F は，再帰的関係の定義により，$\Phi(x) = 0$ の形をしているとして，$\Phi(x)$ を定義する再帰的関数の列 $\Phi_1, \Phi_2, \ldots, \Phi_n$ を考えます．再帰的関数は，定数関数と後者関数を初期関数として，関数合成と再帰的定義をつぎつぎに適用してつくられました．ここで，(18) は再帰的定義，(19) は関数合成，(20) は定数関数に対応するものです．

[3-14] 定理 **X** の証明（その **2**）

さらに，つぎの命題を定める．

$$(x)\overline{\Phi_1(x) = 0} \ \& \ (x,y)[\Phi_1(x) = \Phi_1(y) \to x = y], \qquad (21)$$

$$(x)[\Phi_n(x) = 0]. \qquad (22)$$

以上の論理式 (18), (19), (20) ($k = 2, 3, \ldots, n$)，および (21), (22) のすべてにおいて，関数 Φ_i を関数変記号 ϕ_i に置き換え，0 を未使用の個体変記号 x_0 に置き換え，そして得られた論理式すべての連言 $\wedge$ を C とする．

そして，(21) がペアノの公理，(22) で Φ_n が求める関数であることを表しています．最後に，関数 Φ_i を関数変記号 ϕ_i に置き換え，0 を個体変記号 x_0 に置き換え，すべての連言 $\wedge$ をとって，C とすれば，これは F，すなわち $\Phi(x) = 0$ の計算過程を完全に記述するものになります．そのことをこれからみます．

[3-15] 定理 X の証明（その3）

このとき，論理式 $(Ex_0)C$ が求める性質をもつ．すなわち，

1. $(x)[\Phi_n(x) = 0]$ が成り立てば，$(Ex_0)C$ は充足可能である．というのは，$(Ex_0)C$ において，$\phi_1, \phi_2, \ldots, \phi_n$ に $\Phi_1, \Phi_2, \ldots, \Phi_n$ を代入すれば，明らかに真なる命題が得られる．
2. $(Ex_0)C$ が充足可能であれば，$(x)[\Phi_n(x) = 0]$ が成り立つ．

証明． $(Ex_0)C$ の $\phi_1, \phi_2, \ldots, \phi_n$ に代入すると，全体が真になるような関数（仮定によって存在する）を $\Psi_1, \Psi_2, \ldots, \Psi_n$ とする．また，$\Im$ をそれらの定義域となる個体全体とする．$(Ex_0)C$ が Ψ_i に対して成り立つのだから，ある個体 a が（$\Im$ の中に）存在し，論理式 (18)–(22) のすべてが，Φ_i を Ψ_i，0 を a に置き換えれば，真なる命題 (18′)–(22′) になる．さて，$\Im$ の部分クラスで，a を含み，$\Psi_1(x)$ で閉じている最小のものをとる．この部分クラス ($\Im'$) は，どの関数 Ψ_i についても，$\Im'$ の要素に作用させた結果は $\Im'$ の要素になるという性質をもつ．というのは，まず $\Im'$ の定義から，これは Ψ_1 についていえる．(18′), (19′), (20′) によって，より小さな添数の Ψ_i から，より大きな添数の Ψ_i にこの性質が移される．そこで，Ψ_i の定義域を $\Im'$ に制限して得られる関数を Ψ_i' としよう．すると，論理式 (18)–(22) のすべてが，（0 を a に，Φ_i を Ψ_i' に置き換えて）これらの関数について成り立つ．

$(Ex_0)C$ が充足可能であるとすれば，そこに現れる記号をうまく解釈すると全体が真になるということです．そして，この解釈において x_0 を 0 とみなして，Φ_1 を通常の +1 とみなせば，この解釈の構造に自然数の構造が埋め込まれていることになります．

[3-16] 定理 X の証明（その 4）

(21) が Ψ_1' と a について成り立つので，a を 0 に，Ψ_1' を後者関数 Φ_1 に対応させることで，$\mathfrak{I}'$ と自然数全体が 1 対 1 に対応する．しかし，この対応により，Ψ_i' はもとの関数 Φ_i に移る．そして，(22) が Ψ_n' と a について成り立つので，

$$(x)[\Phi_n(x) = 0]$$

となり，すなわち，証明すべき $(x)[\Phi(x) = 0]$ が成り立つ．[61]

---

[61] 定理 X は，もしも r.f.c. の決定問題が解ければ，たとえばフェルマの問題やゴールドバッハの問題が解けるだろうことを含意している．

(21) が成り立つので，1 を加えていって 0 に戻るようなことはありません．逆に，自然数に対応しない部分もあるかもしれませんので，対応する部分だけ取り出してくるわけです．そして，各関数の定義域をその範囲に制限してみると，じつはもとの関数 Φ_i と本質的に同じものになります．各定義が同じだからです．こうして，ほしかった $(x)[\Phi(x) = 0]$ が導けました．

脚注 61 に挙げられているフェルマの定理は，ここでの議論とは無関係に 1995 年にワイルズによって証明されました．ただし，ワイルズの証明が，どの公理系で実行できるかということの詳細はわかっていません．ゴールドバッハの問題はいまも未解決です．これらについての説明は，フランセーン [10] を参照してください．

[3-17] 定理 X から定理 IX を導く

（どの具体的な F に対しても）定理 X を導く議論は，体系 P の中で実行できるから，$(x)F(x)$（F は再帰的）の形の任意の命題は，対応する r.f.c. 論理式が充足可能であるという命題と同値になることが P で証明できる．したがって，一方の決定不能性は他方の決定不能性を含意し，よって定理 IX が証明される．[62]

---

[62] 定理 IX は，もちろん公理的集合論やその再帰的定義可能な ω 無矛盾な公理クラスによる拡大に対しても成り立っている．というのは，これらの体系にも，$(x)F(x)$（F は再帰的）の形の決定不能命題が存在するからである．

定理 X の主張は，すべての x について $F(x)$ であることが，F の計算過程すべてを書き下した論理式が充足できることで表されるというものです．そして，この定理 X が体系 P の中で証明できるので，一方の決定不能性が他方の決定不能性を含意するということで，定理 IX が導けます．

広げる

原論文第4節
第二不完全性定理

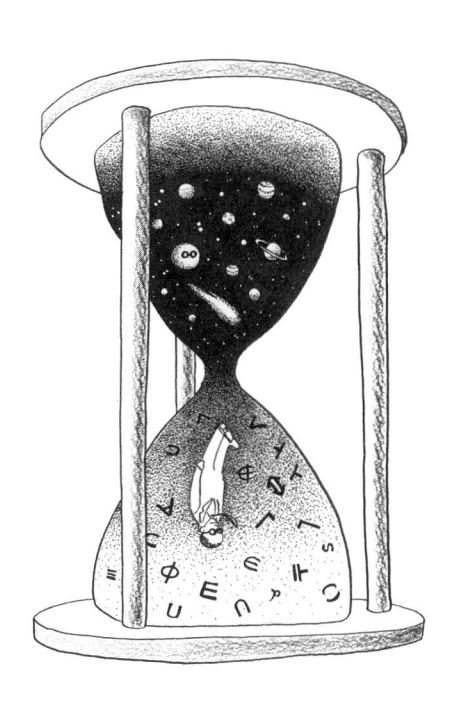

第2節で構成した決定不能な文は,「自らが証明できない」ことを主張する意味のやや不明瞭な命題でした.それに対して,ここでは「体系 P に対する無矛盾性」を主張する文が体系 P で証明できないことを示します.

　当時ヒルベルトは,今日,道具主義とか還元主義と呼ばれている彼の方法論を確立すべく,妥当な形式体系からは正しい定理しか導かれないことを示そうとしていました.これは,形式体系の無矛盾性を証明することに他なりません.したがって,プリンキピアの部分体系 P に対する無矛盾性は,当然(有限の立場で)保証されるべきものでした.ところが,それが(有限の立場を越える)体系 P でさえも証明できないというのがゲーデルの定理から導かれる結論です.もっとも P の無矛盾性が絶対証明できないというわけではありません.体系 P で提供される手段だけでは足りないということです.

ゲーデルとアインシュタインは,同じ時期にプリンストン高等研究所の教授をしており,よく一緒に研究所周辺を散歩した.ゲーデルは物理学の仕事もしていて,第1回アインシュタイン賞を本人から直接授かっている.

[4-1] 第二不完全性定理（定理 XI）（その 1）

第 2 節の結果は，体系 P（とその拡張）に対する無矛盾性の証明について，以下に述べるような驚くべき帰結をもたらす．

定理 XI. κ を任意の再帰的で無矛盾な [63]論理式のクラスとする．すると，「κ が無矛盾である」という文は κ 証明可能ではない．とくに，P が無矛盾であると仮定すれば，P の無矛盾性は P で証明できない．[64]（もちろん，仮定をひっくり返せば，すべての文が [P で] 証明できる．）

---

[63]「κ は無矛盾である」（$\mathrm{Wid}(\kappa)$ と略す）はつぎのように定義される：$\mathrm{Wid}(\kappa) \equiv (Ex)(\mathrm{Form}(x) \& \overline{\mathrm{Bew}_\kappa}(x))$．

[64] これは，論理式の空集合を κ に代入して得られる．

第二不完全性定理の証明の荒筋は簡単です．第一不完全性定理から，P が無矛盾であれば，「自らが証明できない」ことを主張する文（以下，G で表す）は P で証明できません（注意：G の証明不可能性には P の無矛盾性で十分である．G の否定の証明不可能性に P の ω 無矛盾性を用いる）．第一不完全性定理の議論を体系 P の内部で行うことにより，P の無矛盾性が証明できれば，G の証明不可能性が証明できることがわかります．G の証明不可能性は G そのものなので，P の無矛盾性が証明できれば，G が証明できることになるわけですが，これは第一不完全性定理から不可能です．よって，P の無矛盾性は証明できないという結論になります．

もう少し形式的に述べれば，$\mathrm{Bew}_\kappa(x) \equiv (Ey)y B_\kappa x$ が「x の κ における証明可能性」を表すとき，κ の無矛盾性 $\mathrm{Wid}(\kappa)$ は，$(Ex)(\mathrm{Form}(x) \& \overline{B_\kappa}(x))$ で定義します．ここで，Wid は widerspruchsfreie（無矛盾）の頭 3 文字です．第一不完全性定理（の一部）を形式的に表現すれば，つぎのようになります．

$$\mathrm{Wid}(\kappa) \to \overline{\mathrm{Bew}_\kappa}(17\,\mathrm{Gen}\,r).$$

$\overline{\mathrm{Bew}_\kappa}(17\,\mathrm{Gen}\,r)$ が κ で証明不可能であるから，$\mathrm{Wid}(\kappa)$ も証明不可能であるという議論にもっていきます．

[4-2] 第二不完全性定理（定理 XI）（その 2）

証明（の概略）は以下のようである．論理式の再帰的クラス κ を選んで，以下の議論において固定しておく（もっとも単純な場合，κ は空集合である）．上の [2-47]，p.102 の 1 からわかるように，$17\,\mathrm{Gen}\,r$ が κ 証明可能でないという証明には，κ の無矛盾性だけが使われていた．[65] すなわち，つぎがいえる．

$$\mathrm{Wid}(\kappa) \to \overline{\mathrm{Bew}_\kappa}(17\,\mathrm{Gen}\,r) \tag{23}$$

したがって，(6.1) により

$$\mathrm{Wid}(\kappa) \to (x)\overline{xB_\kappa(17\,\mathrm{Gen}\,r)}.$$

(13) より，

$$17\,\mathrm{Gen}\,r = Sb(p_{Z(p)}^{19}),$$

であり，したがって，

$$\mathrm{Wid}(\kappa) \to (x)\overline{xB_\kappa Sb(p_{Z(p)}^{19})},$$

となり，(8.1) により，

$$\mathrm{Wid}(\kappa) \to (x)Q(x,p). \tag{24}$$

---

[65] もちろん，r は（p 同様に）κ に依存する．

論理式 $\mathrm{Wid}(\kappa)$ が κ の無矛盾性を表すとき，第一不完全性定理は

$$\mathrm{Wid}(\kappa) \to \overline{\mathrm{Bew}_\kappa}(17\,\mathrm{Gen}\,r)$$

と表せます．さらに，定理 VI の証明の (8.1) で定義した $Q(x,y)$ を用いれば，$\mathrm{Wid}(\kappa) \to (x)Q(x,p)$ となります．

[4-3] 第二不完全性定理（定理 XI）（その 3）

まず，以下がわかる．第 2 節，[66]および第 4 節のここまでに定義したすべての概念（あるいは証明した文）はやはり P でも表現できる（あるいは証明できる）．というのは，われわれがずっと使ってきた定義や証明の方法は，古典的な数学において常用されるものばかりだから，体系 P で形式化される．とくに，κ は（どの再帰的クラスとも同様に）P で定義可能である．w を P で $\mathrm{Wid}(\kappa)$ を表す文とする．(8.1), (9), (10) によると，関係 $Q(x,y)$ は関係符号 q で表せる．したがって，((12) により $r = Sb(q_{Z(p)}^{19})$ だから) $Q(x,p)$ は r で，そして文 $(x)Q(x,p)$ は $17\,\mathrm{Gen}\,r$ で表せる．

それゆえ，(24) により，$w\,\mathrm{Imp}\,(17\,\mathrm{Gen}\,r)$ は P で証明可能である（したがって当然，κ 証明可能になる）．[67]もしいま w が κ 証明可能だとしたら，$17\,\mathrm{Gen}\,r$ も κ 証明可能となるだろう．このことから，(23) によって，κ は矛盾することになってしまう．

---

[66] 上の p.59 の「再帰性」の定義から定理 VI の証明までを含む．
[67] (23) から $w\,\mathrm{Imp}\,(17\,\mathrm{Gen}\,r)$ が真であることが導けることは，すでに冒頭でも注意したように，決定不能命題 $17\,\mathrm{Gen}\,r$ が自らが証明できないことを主張しているという事実によるだけである．

いま，文 $\mathrm{Wid}(\kappa)$ のコードを w とします．文 $(x)Q(x,p)$ は $17\,\mathrm{Gen}\,r$ で表せます．したがって，$\mathrm{Wid}(\kappa) \to (x)Q(x,p)$ のコードは $w\,\mathrm{Imp}\,(17\,\mathrm{Gen}\,r)$ で，

$$\mathrm{Bew}_\kappa(w\,\mathrm{Imp}\,(17\,\mathrm{Gen}\,r))$$

がいえます．ここで，$(17\,\mathrm{Gen}\,r)$ が κ で証明不可能ですから，$\mathrm{Wid}(\kappa)$ を表す w も証明不可能となります．

[4-4] 考察（その1）

　この証明も構成的であることを確認しよう．すなわち，κ からの w の証明が与えられれば，κ から矛盾を導くことも実際に可能である．定理 XI の完全な証明は，公理的集合論 M，そして古典数学の公理系[68] A に対して逐語的に実行できる．すると，ここでもつぎの結果を生む．M や A が無矛盾であると仮定すれば，それぞれ M や A で形式化されるような M や A の無矛盾性証明はない．いま私は，定理 XI（および M や A に対応する結果）はヒルベルトの形式主義の立場に反しないことをはっきりと明記しておきたい．というのは，この立場は証明に有限的手段以外を用いないような無矛盾性証明の存在だけを念頭においており，P（あるいは M や A）の形式を超える手段では有限的証明が存在することもあり得るからだ．

　任意の無矛盾なクラス κ に対して，w は κ 証明可能でないから，Neg(w) が κ 証明可能でないならただちに（κ に基づき）決定不能になる命題（つまり，w）がすでに存在することになる．言い換えれば，定理 VI において，ω 無矛盾性の仮定を「κ が矛盾している」という命題が κ 証明可能でないという主張に置き換えることができる．（この命題が κ 証明可能になるような無矛盾な κ があることに注意．）

---

[68] フォン・ノイマン 1927 をみよ．

　P の無矛盾性は P では証明できません．P を他の集合論などに置き換えても自分の無矛盾性は自分で証明できないのです．しかし，P の無矛盾性は P の形式を越える手段では証明される可能性がありますし，実際にそれはできてもいるのです．だから，ゲーデルの結果でヒルベルトのプログラムが完全に破綻したわけではありません（矛盾性が証明される例は，p.165 を参照）．

　「κ が ω 無矛盾」という仮定を，「κ の矛盾を証明できない」という仮定に置き換えることができます．このように置き換えると，w は決定不能命題になります．しかし，これは少し回りくどい仮定で，単に κ の無矛盾性からも決定不能命題があることが導けるというのがロッサーの定理です．ところが，ロッサーによる無矛盾性命題は証明できてしまうという不思議な現象もあります（p.144 参照）．

[4-5] 考察（その 2）

　この論文では，議論全体を体系 P に制限して行っている．他の体系にも応用できることは暗示したにすぎない．近日出版予定の続編 [68a] は，この結果を完全に一般な形で与えて，証明を行うつもりだ．その論文では，ここでは概略だけ述べた定理 XI の証明も，詳細に実行する．

[68a] [[このことが，この論文のタイトルに I が付いた理由である．筆者の腹づもりでは，この続きを『月報』の次号に載せるつもりだった．しかし，私の諸結果が迅速に認知されたこともあり，計画を変更することになった．]]

　「この議論の詳細は続編で述べる」とされていましたが，脚注 68a にあるように続編は発表されませんでした．それにかわるものとしてヒルベルトらの詳しい教科書 [1] が，第二不完全性定理の厳密な証明を与えました．

　最後に（英語版の）後書きで，ゲーデルは自分の結果についての重要な考えを述べています．「不完全性定理」を，一般的な数学の定理として述べるためには，「形式体系」が何かを定める必要があります．ゲーデルの原論文では，PM のような具体的体系が不完全であると示されているだけで，一般の形式体系が何かは定まっていません．そして，それが可能になるのは，その後チューリングが計算可能性の概念を確立したことによるとゲーデルはいっているのです．後書きでは，つぎのように述べられています．

[4-6] 附記

1963年8月28日附記. その後の発展の結果，とくにA. M. チューリングの仕事[69]のお陰で，いまや形式体系の一般概念[70]について厳密で，疑いなく妥当な定義が得られるようになり，それにより定理VIとXIの完全に一般的な表現が可能になった．すなわち，つぎのことが厳密に証明される．ある程度の有限的算術を含むどんな無矛盾な形式体系にも決定不能な算術命題が存在し，さらにそのような体系の無矛盾性はその体系においては証明できない．

---

[69] チューリング 1937, p.249 を参照.
[70] 私見では，「形式体系」や「形式主義」という語は，これ以外の意味で用いるべきでない．プリンストンでの講演 [1946]（Princeton University 1947, p.11.（訳注）ゲーデル全集第2巻 (1990), pp.150–153 に収録．）において，私は形式主義の超限的一般化を提案したが，それは本来の形式体系とは根本的に異なるものである．厳密な意味において形式体系がもつべき特徴は，その推論が原理的には機械的操作で完全に置き換えられることである．

定理VIとXIは，それぞれ第一不完全性定理と第二不完全性定理のもとになる主張ですが，それらの内容を平易に述べたゲーデルの最後の文章にこの論文のエッセンスが凝縮されています．脚注70については，脚注48aも参照してください．以上で，解説を終えます．

━━━━━━━━━━━━━━ ★ ロッサーの定理 ★ ━━━━━━━━━━━━━━

　ロッサーは ω 無矛盾性の仮定を無矛盾性に弱めて不完全性定理を証明するために，$\mathrm{Bew}_\kappa(x)$ をつぎのように改良した．

$$\mathrm{Bew}^*_\kappa(x) \equiv \exists y(y\,B_\kappa\,x \wedge \forall z < y \overline{z\,B_\kappa\,\mathrm{Neg}(x)}).$$

右辺の意味を直観的に述べれば，「論理式 x は証明可能で，かつその証明より簡単にその否定が証明されることはない」というものである．したがって，無矛盾な体系では，そもそも $\mathrm{Bew}_\kappa(x)$ と $\mathrm{Bew}^*_\kappa(x)$ に本質的違いはないから，再帰的関係の表現定理は，そのまま $\mathrm{Bew}^*_\kappa(x)$ についても成り立つ．すると，ゲーデル文と同様にして，$\overline{\mathrm{Bew}^*_\kappa(x)}$ に対する不動点論理式 R が構成される．直観的には，ロッサー文 R は「R の証明があれば，それより簡単な証明で $\neg R$ が示せる」という主張になる．そのゲーデル数を r としておく．

　ロッサー文 R が，ω 無矛盾性なしに，単に無矛盾性から決定不能になることは，およそつぎのようにして示せる．まず，ロッサー文 R が証明できれば，$\mathrm{Bew}_\kappa(r)$，そして $\mathrm{Bew}^*_\kappa(r)$ も証明できるので，(R の定義から) R の否定が導かれることになり，体系 κ が矛盾する．つぎに，ロッサー文 R の否定が証明できたする．このとき，以下の議論を体系 κ の中で行う．もし R の証明があって，それが R の否定の証明以下であれば，体系は有限的に矛盾している．そうでないときは，R の証明があれば，つねにそれは R の否定の証明より大きくなるので，すなわち R が示されたことになり，やはり体系 κ は矛盾している．

　最後に，第二不完全性定理の議論をまねして，$\overline{\mathrm{Bew}^*_\kappa(x)}$ の x に $0 \neq 0$ のような偽の文 (のコード) を入れてみる．すると，この論理式の意味は，「$0 \neq 0$ が証明できるなら，それより簡単に $0 = 0$ が証明できる」ということになる．ふつうの形式体系では，$0 = 0$ は公理であるか，公理からただちに導けるので，それより簡単な証明で $0 \neq 0$ が証明できないことは容易に示せる．すなわち，ここで定義した論理式は証明可能であり，ゲーデルの文のような無矛盾性を表していない．この事実は，「クライゼルの注意」として知られる．

原論文の引用文献

アッケルマン　Ackermann, Wilhelm

1924　Begründung des "tertium non datur" mittels der Hilbertschen Theorie der Widerspruchfreiheit, *Mathematische Annalen* **93**, 1–36.

ベルナイス　Bernays, Paul

1923　Erwiderung auf die Note von Herrn Aloys Müller: "Über Zahlen als Zeichen", *Mathematische Annalen* **90**, 159–163; reprinted in *Annalen der Philosophie und philosophischen Kritik* **4** (1924), 492–497.

フレンケル　Fraenkel, Abraham A.

1927　*Zehn Vorlesungen über die Grundlagen der Mengenlehre* (Leipzig: Teubner).

ゲーデル　Gödel, Kurt

1930　Die Vollständigkeit der Axiome des logischen Funktionenkalküls, *Monatshefte für Mathematik und Physik* **37**, 349–360.

1946　*Remarks before the Princeton bicentennial conference on problems in mathematics*, 1–4.

ヒルベルト　Hilbelt, David

1922　Neubegründung der Mathematik (Erste Mitteilung), *Abhabdlung aus dem mathematischen Seminar der Hamburgischen Universität* **1**, 157–177.

1923 Die Logische Grundlagen der Mathematik, *Mathematische Annalen* **88**, 151–165.

1926 Über das Unendliche, *Mathematische Annalen* **95**, 161–190.

1928 Die Grundlagen der Mathematik, *Abhabdlung aus dem Mathematischen Seminar der Hamburgischen Universität* **6**, 65–85.

1929 Probleme der Grundlegung der Mathematik, *Mathematische Annalen* **102**, 1–9.

ヒルベルト＝アッケルマン　Hilbelt, David and Wilhelm Ackermann

1928 *Grudzüge der theoretischen Logik* (Berlin: Springer).

ウカシェヴィッチ＝タルスキ　Łukasiewicz, Jan and Alfred Tarski

1930 Untersuchungen über den Aussagenkalkül, *Sprawozdania z posiedzeń Towarzystwa Naukowego Warszawskiego*, wydział III, **23**, 30–50.

チューリング　Turing, Alan

1937 On computable numbers, with an application to the Entscheidungsproblem, *Proc. of the London Math. Soc.*, (2) **42**, 230–265; correction, *ibid.* **43**, 544–546.

フォン・ノイマン　von Neumann, John

1925 Eine Axiomatisierung der Mengenlehre, *Journal Für die reine und angewandte Mathematik* **154**, 219–240; correction, *ibid.* **155**, 128.

1927 Zur Hilbertschen Beweistheorie, *Mathematische Zeitschrift* **26**, 1–46.

1928 Die Axiomatisierung der Mengenlehre, *Mathematische Zeitschrift* **27**, 669–752.

1929 Über die eine Widerspruchferiheitsfrage in der axiomatischen Mengenlehre, *Journal für die reine und angewandte Mathematik* **160**, 227–241.

ホワイトヘッド＝ラッセル　Whitehead, Alfred N. and Bertrand Russell
1925　*Principia Mathematica*, Second Edition Cambridge.

補遺

　原論文の議論のいくつかの重要ポイントを現代ロジックの視座から見直し，そこに現れる概念や主張の一般化と精密化について検討します．

A.1　1 階算術と論理式の階層

原論文の体系 P は一種のタイプ理論でしたが，第 2 節の議論に用いられているのは実質上 2 階算術（1 階論理の上で自然数と自然数の集合を扱う理論）で，その議論が第 3 節でさらに 1 階算術（1 階論理の上の自然数論）に還元されました．これによって，決定不能な算術命題の存在が導かれたわけです．しかし，最近の教科書では，初めから 1 階算術の形式体系（ペアノ算術 PA など）に対して決定不能命題を構成するのが常套手段になっています．私たちもここでは 1 階算術を土台として，考察を進めてまいります．

1 階算術の言語（$\mathcal{L}_A$ と書く）は，以下の記号で構成されます．

> （自然数の）変数 $x, y, z, \ldots$ と定数 0，足し算記号 $+$ と掛け算記号 $\cdot$，後者関数（数 n を $n+1$ に移す）の記号 S，等号 $=$，不等号 $<$，および論理記号 $\neg, \vee, \wedge, \rightarrow, \forall, \exists$，括弧 $(,)$．

この言語において「項」および「論理式」の定義は通常通りとします．体系 P における原始論理式は $a(b)$ の形（$b \in a$ の意．b が型 n のとき a は型 $n+1$）でしたが，1 階算術の原始論理式は $s = t, s < t$（s, t は項）となります．ちなみに体系 P において，等号 $=$ や不等号 $s < t$ は定義概念でした．P の等号 $=$ は高階の量化記号を使って定義される（p.48, 本文脚注 21）ので，1 階算術において同様の定義はできせん．1 階論理では等号を原始記号とし，等号の性質を公理として入れておくのがふつうです（[11] 第 2 巻第 1 部 4.3 節を参照）．他方，不等号「$x < y$」は 1 階算術でも $\exists z(y = x + S(z))$ の略記として定義できます．しかし，ここでは記法の簡便さのために，原始記号として入れておきます．同様に，論理記号のいくつかは他の論理記号から定義できるのですが，これも使いやすさのために余分に入れてあります．自然数 0, 1, 2, 3, ... の記号表現として項 $0, S(0), S(S(0)), S(S(S(0))), \ldots$ を用いるのは，体系 P とほぼ同じです．そして，これらを「数項」と呼び，自然数 n に対応する数項を $z(n)$ と書くことにします．たとえば，$z(2)$ は $S(S(0))$ です．

論理式を $\varphi(x)$ のように表すとき，x はその変数の自由な出現（すなわち，量化記号 ($\forall, \exists$) と結び付かない出現）を表していて，それらをすべて項 t で

置き換えて得られる論理式を $\varphi(t)$ と書きます．このとき，t に含まれる変数が代入後に $\varphi(t)$ で束縛されてはいけないという文法的な条件を付けておきます．原論文では，論理式中の変記号への代入は Subst という関数で表されていました．最後に，自由変数をもたない論理式のことを「文」(sentence) といいます．

この論文で初めて発見された意外な事実は，足し算と掛け算しかない算術言語で，指数関数をはじめ自然数上の通常の演算がどれも形式的に定義できることです．ここで，たとえば指数関数が（形式的に）定義可能であるというのは，以下のような論理式 $\exp(x,y,z)$ が存在することです：任意の自然数 m, n, k に対して，文 $\exp(z(m), z(n), z(k))$ が成り立つことと，$k = m^n$ とは同値である．これをもう少し厳密に述べると「再帰的関係の表現定理」になります（後述）．

注意しなければならないのは，形式的な定義はあくまで略記に限ることです．たとえば，$x^0 = 1$, $x^{y+1} = x^y \cdot x$ といった（原始）再帰的な定義は，略記ではありません．このような論理式を形式体系に付け加えることは，公理を増やすことに他ならず，体系の強さが変わってくるかもしれないのです．体系 P は後者関数だけをもち，足し算や掛け算さえも再帰的に定義されているかのようですが，そうではなくて「再帰的関係の表現定理」が必要な演算を論理式で記述することを保証してくれるのです．この定理の証明をみると，そこには高階の量化記号が本質的に使われています．他方，第 3 節において，この証明を 1 階算術に還元する際には，あらかじめ足し算と掛け算だけは与えられていることが前提となっています．この違いは重要です．後者関数だけ（あるいは足し算だけ）の 1 階論理の体系では「再帰的関係の表現定理」は証明できません．

算術の論理式の中の量化記号がつぎのような特殊な形で現れるとき，それを「有界である」といいます：　$\forall x(x < t \to \cdots)$ または $\exists x(x < t \land \cdots)$（どちらの場合も t は x を含まない項とする）．これらは，しばしば $\forall x < t$ または $\exists x < t$ と略記されます．すべての量化記号が有界であるような論理式を有界論理式と呼びます．有界な量化記号は一種の命題論理演算とみなせま

す．たとえば，$\forall x < z(n)\varphi(x)$ は $\varphi(z(0)) \wedge \varphi(z(1)) \wedge \cdots \wedge \varphi(z(n-1))$ と同値です．したがって，有界論理式は等式と不等式から命題演算で得られるような式と同値になります．変数のない等式と不等式の真偽は計算で容易に確かめられることから，有界論理式が文であるとき，その真偽も有限的に判定できます．

φ が有界論理式であるとき，$\exists x_1 \exists x_2 \ldots \exists x_k \varphi$ を Σ_1 論理式と呼び，$\forall x_1 \forall x_2 \ldots \forall x_k \varphi$ を Π_1 論理式と呼びます．ここで，k は任意の自然数ですが，$k=1$ の場合を考えれば十分であることは，数の列 $x_1, x_2, \ldots, x_k$ を 1 つの数でコードする本文の方法を用いれば容易に示せます．あとで示すように，Σ_1 文や Π_1 文の真偽は，一般には有限的な判定ができません．さらに，$\exists x_1 \exists x_2 \ldots \exists x_k \forall y_1 \forall y_2 \ldots \forall y_l \varphi$ を Σ_2 論理式と呼び，$\forall x_1 \forall x_2 \ldots \forall x_k \exists y_1 \exists y_2 \ldots \exists y_l \varphi$ を Π_2 論理式と呼びます．同様に Σ_n, Π_n が定義されます．

ゲーデルの決定不能命題は Π_1 文です．他に Π_1 文の例をあげると，ゴールドバッハの予想「4 以上のすべての偶数は 2 つの素数の和になる」，フェルマ＝ワイルズの定理「すべての $n > 2$ に対して，$x^n + y^n = z^n$ を満たす（0 以外の）自然数 x, y, z は存在しない」，リーマン予想（J.C. ラガリアスによる定式化，2002）「すべての $n \geq 1$ に対して，

$$\Sigma_{d|n} d \leq H_n + \exp(H_n) \log(H_n)$$

ただし，$H_n = 1 + \frac{1}{2} + \cdots + \frac{1}{n}$」などがあります．フェルマ＝ワイルズの定理は十分強い体系では証明されていますが，ペアノ算術のような形式体系の中で証明できるかどうかはわかっていません．どんな命題も証明できれば，$0=0$ と論理的に同値になり，その意味で有界な文とみなせることに注意しておきましょう．また，パリス＝ハーリントンの独立命題（後述）は Π_2 文です．その他に Π_2 文の例を挙げると，双子素数予想「差 2 の素数ペア $(p, p+2)$ は無限個存在する」，コラッツ予想「任意の $n > 0$ から始めて，それが偶数であれば商 $n/2$ を求め，奇数であれば $3n+1$ を計算することをくり返していくと，最終的に 1 になる」，P$\neq$NP 問題「どんな多項式時間アルゴリズムにも，充足可能性（真になりうること）が判定できないブール式がある」などがあります．

A.2 計算可能性理論

1936年にアラン・チューリングは，記憶容量に制限のない汎用デジタルコンピュータの理論的模型（万能チューリング機械：Universal Turing Machine (UTM)）を導入して，普通の意味で機械的に計算されうることはすべてこの機械によって計算可能であるという創見（チャーチ＝チューリングの提唱）を与えました．現在の電子計算機は，記憶容量を制限されていること以外は，UTMの物理的実現であると考えられます．

いま万能チューリング機械について知っておくべきことは，それが有限記号列 w の入力に対して，所定プログラム P に従った一連の計算ステップを逐次実行して，有限時間に停止するか，あるいは永遠に停止しないかのどちらかであるということです．そして停止する際には，有限記号列 s の出力を伴う場合と，単に「イエス／ノー」の判断を返すだけの場合があります．後者は明らかに前者の特殊ケースとみなせますから，前者だけを考えればよいことになります．もっとも重要なことは，プログラム P は有限記号列で記述され，それも UTM にデータとして与えられることです．つまり，UTM は，プログラム P と本来の入力データ w のペア (P,w) を受け取り，（停止すれば）文字列 s を出力する機械です．

有限記号列の集合 A が「計算的枚挙可能」（c.e.＝computably enumerable）であるとは，UTM に対し，あるプログラム P が存在して，A の要素すべてかつそれだけを（適当な入力に対して）出力するようにできることをいいます．列の集合 A が「計算可能」あるいは「決定可能」というのは，記号列 s が任意に与えられたときに，s が A に入るかどうかを判定するようなプログラムが存在することをいいます．つまり，s が入力されると，UTM はこのプログラムに従って計算を実行して，s が A に入るときは「イエス」と出力し，s が A に入らないときは「ノー」と出力することになります．もしも集合 A とその補集合の両方が c.e. であるときには，いろいろな入力に対して両方の出力をみていけば，いつかどちらかにほしい列 s が現れますので，その時点で「イエス／ノー」を判断すれば，A は決定可能になることがわかります．また，決定可能集合に対しては，返答が「イエス」になるような入力 s

だけをそのまま出力することで，c.e. になることがわかります．しかし，逆は成り立たないことがいえます．

決定不能性定理（チューリング，チャーチ）

決定可能でない c.e. 集合がある．

証明 プログラムはそれ自身記号列であり，$P_0, P_1, P_2, \ldots$ のように計算的に枚挙することができる．いま，P_i に，入力データとしてプログラムの指数 i（を表す数項）を与えたとき，停止して，何かの値を出力するような i をすべて集め，その集合を K とする．集合 K が c.e. になることは簡単にわかる．つぎに，背理法により，K が決定可能であると仮定しよう．すると，どんな入力 i に対しても，i が K に入るかどうかを判定する手続きがある．これを用いて，新たなプログラム P を構成する．もし i が K に入らないときは，0 を出力するとしよう．そして，もし i が K に入るなら，P_i は入力 i に対して停止するので，その出力に，もう 1 つ余分な記号を加えて出力し停止する．以上は，1 つの列を与えて 1 つの列を出力するようなプログラム P を定義しているから，ある m が存在して，P は P_m と一致していなければならない．ところが，P と P_m は入力 m についての出力が違うので，両者は一致していない．よって，K は決定可能ではありえない． □

$\mathbb{N}$ を自然数全体の集合とするとき，関数 $f : \mathbb{N}^k \longrightarrow \mathbb{N}$ を数論的関数と呼びます．いまから，UTM で計算できるような数論的関数のクラスを考えます．すなわち，$f : \mathbb{N}^k \longrightarrow \mathbb{N}$ が「計算可能」であるとは，$1^{m_1} 0 1^{m_2} 0 \cdots 0 1^{m_k}$ を入力すると $1^{f(m_1, \ldots, m_k)}$ を出力するプログラムがあることです（注：1^m は "1" を m 個並べた記号を表す）．

ゲーデルがメタ数学の算術化のために導入した再帰的関数は，今日では「原始再帰的関数」と呼ばれ，計算可能な関数族の一部分です．じつは，計算可能な（部分）関数に一致するように原始再帰的関数の機能を拡張したものが，現代の「再帰的（部分）関数」です．まず，原始再帰的関数を定義し直してから，一般の再帰的関数を導入します．以下の定義は，ゲーデルが 1934 年にプリンストンの高等研究所で行った講義のノート（ゲーデル全集 [13] に収録）

に基づくものですが，そこでもまだ「原始再帰的」という名は付いていません．

原始再帰的関数（ゲーデル 1934）

「原始再帰的関数」のクラスは，(1) の初期関数をすべて含み，(2) と (3) の閉包条件で閉じた最小のクラスである．

(1) 定数関数 $f(x_1, x_2, \ldots, x_n) = c$, 後者関数 $S(x) = x+1$, 恒等関数（射影関数）$U_i^n(x_1, x_2, \ldots, x_n) = x_i$ $(1 \leq i \leq n)$.

(2) 関数合成．$g_i : \mathbb{N}^n \to \mathbb{N}$, $h : \mathbb{N}^m \to \mathbb{N}$ $(1 \leq i \leq m)$ が原始再帰的関数のとき，

$$f(x_1, \ldots, x_n) = h(g_1(x_1, \ldots, x_n), \ldots, g_m(x_1, \ldots, x_n))$$

で定義される合成関数 $f : \mathbb{N}^n \to \mathbb{N}$ は原始再帰的関数である．

(3) 原始再帰法．$g : \mathbb{N}^{n-1} \to \mathbb{N}$, $h : \mathbb{N}^{n+1} \to \mathbb{N}$ が原始再帰的関数のとき，

$$f(0, x_2, \ldots, x_n) = g(x_2, \ldots, x_n),$$
$$f(k+1, x_2, \ldots, x_n) = h(k, f(k, x_2, \ldots, x_n), x_2, \ldots, x_n)$$

で定義される関数 $f : \mathbb{N}^n \to \mathbb{N}$ は原始再帰的関数である．

1931 年の原論文では，初期関数に恒等関数を含めていませんでした．これは，関数表記 $f(x_1, \ldots, x_n)$ における引数 $x_1, \ldots, x_n$ の表示の厳密さと関係しています．原論文では，引数の表示は便宜的なものとしていて，たとえば関数合成 $h(g_1(x_1), g_2(x_1, x_2))$ を定義する際には，$g_1(x_1)$ を自動的に $g_1(x_1, x_2)$ とみなします（原論文脚注 27）．しかし，関数の引数をきちんと記述した上で厳密に定義の形にあわせようとすれば，恒等関数 $U_1^2(x_1, x_2) = x_1$ を用いて，$h(g_1(U_1^2(x_1, x_2)), g_2(x_1, x_2))$ のように表す必要があります（詳しくは，[22] の補題 4.1 をご参照ください）．

メタ数学の算術化によって現れる関数ばかりでなく，簡単に思い浮かぶような数論的関数のほとんどは原始再帰的です．しかし，原始再帰的でない計

算可能な関数も確かに存在します．それを示す前に注意しておきたいことは，万能チューリング機械 UTM は入力によっては停止しないことがあるので，それによって実現される関数は自然数全域では定義されないような「部分関数」になるかもしれないことです．いま，2 つの部分関数の同値性を表すのに，$f(x_1,\ldots,x_n) \sim g(x_1,\ldots,x_n)$ という表現を導入します．これは，両辺がともに定義されないか，ともに定義されて同じ値をとることを意味します．

クリーネの標準形定理

原始再帰的関数 $U(y)$ と原始再帰的関係 $T_n(e,x_1,\ldots,x_n,y)$ が存在して，任意の計算可能な部分関数 $f(x_1,\ldots,x_n)$ は，ある e について，

$$f(x_1,\ldots,x_n) \sim U(\mu y T_n(e,x_1,\ldots,x_n,y))$$

と表せる．ここで，$\mu y T_n(e,x_1,\ldots,x_n,y)$ は $T_n(e,x_1,\ldots,x_n,y)$ を成り立たせる最小の y の値であり，そのような y がなければ未定義とする．

証明 関係 $T_n(e,x_1,\ldots,x_n,y)$ をつぎのように定義する．

$T_n(e,x_1,\ldots,x_n,y) \Leftrightarrow$ "y は，UTM に $(e,x_1,\ldots,x_n)$ を表す入力列を与えたときの全計算過程のコードである．"

全計算過程とは，UTM が停止状態に至るまでの計算をすべて記録したものである．終了に至る計算過程が存在するか否かはわからないが，具体的に与えられた y が終了状態に至る正しい計算過程かどうかは，その各ステップが正しい動きであることと，最初と最後の状況をチェックすればよい．つまり，$T_n(e,x_1,\ldots,x_n,y)$ は原始再帰的関係であり，実際のところ有界論理式でも表現できる．そして，計算過程のコード y から出力情報を取り出す原始再帰的関数を $U(y)$ とすれば，$U(\mu y T_n(e,x_1,\ldots,x_n,y))$ は，UTM にプログラムのコード e と $(x_1,\ldots,x_n)$ を入力したときの出力結果に他ならない． □

上の証明で構成した U と T_n を固定して，$U(\mu y T_n(e,x_1,\cdots,x_n,y))$ を「指標」e の（n 変数の）「計算可能な部分関数」（あるいは，「再帰的部分関数」）と呼び，$\{e\}^n(x_1,\cdots,x_n)$ あるいは簡単に $\{e\}(x_1,\cdots,x_n)$ と書きます．と

くに，全域で定義される計算可能な（部分）関数を，たんに「計算可能な関数」（あるいは，「再帰的関数」）と呼びます．再帰的（部分）関数のふつうの定義は，原始再帰的関数の構成原理に μy 演算を加えるものですが，上の定理から，クリーネの標準形を定義としても問題ありません．

さて，原始再帰的関数は明らかに計算可能な関数ですが，逆はいえません．実際，つぎの等式で定義される関数 A（「アッケルマン関数」）は計算可能ですが，原始再帰的でないことが証明できます．

$A(0, y) = y + 1,$
$A(x + 1, 0) = A(x, 1),$
$A(x + 1, y + 1) = A(x, A(x + 1, y)).$

なお，この関数は任意の原始再帰的関数 $g(x, y)$ に対して，ある c が存在し，$g(x, y) < A(c, \max\{x, y\})$ となるという性質をもっています．

クリーネの標準形から，c.e. 集合の同値な条件がいろいろみつかりますので，以下にまとめておきます．

---
c.e. の同値条件

関係 $R \subset \mathbb{N}^n$ について，つぎの条件は同値である．

(1) R は計算的に枚挙可能 (c.e.) である．

(2) R は空集合か，ある原始再帰的関数の値域になる．

(3) R はある計算可能な部分関数の定義域になる．

(4) ある原始再帰的関係 S が存在して，

$R(x_1, \cdots, x_n) \Leftrightarrow \exists y S(x_1, \cdots, x_n, y).$

(5) ある再帰的関係 S が存在して，

$R(x_1, \cdots, x_n) \Leftrightarrow \exists y S(x_1, \cdots, x_n, y).$

(6) Σ_1 論理式で定義できる．

証明は，[22] の補題 4.14 をご参照ください．とくに注目しておきたいこと

は，c.e. 集合と Σ_1 論理式の関係です．これから，計算可能な集合は，Σ_1 論理式でも Π_1 論理式でも定義できること（Δ_1 定義可能）になります．

算術的階層

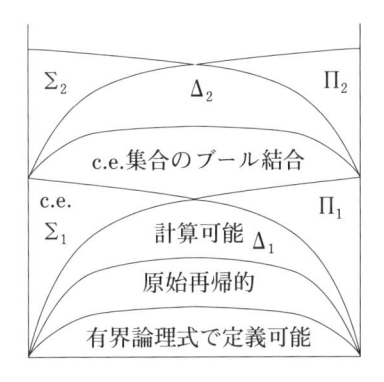

```
        Σ₂       Δ₂       Π₂
           c.e.集合のブール結合
    c.e.                      Π₁
     Σ₁    計算可能  Δ₁
            原始再帰的
         有界論理式で定義可能
```

計算可能性理論は，第一不完全性定理の証明から芽吹いたものですが，その後大きく発展したので，その成果を使ってゲーデルの定理を再検討する研究もたくさんあります．たとえば，任意の 2 つの再帰的理論（PA を包含する）の間には，命題論理演算と証明可能性を保存する計算可能な同型が必ず存在するという定理があります（Pour-El・Kripke, 1967, 文献 [3] を参照）．

A.3　1階算術の形式体系

「ペアノ算術 PA」は，1階算術の代表的な形式体系です．等号を含む1階論理を仮定した上で，次の8つの公理および数学的帰納法の公理図式 Ind で構成されます．

---ペアノ算術 PA---

$\neg(S(x) = 0)$, $\quad$ $S(x) = S(y) \to x = y$,
$x + 0 = x$, $\quad$ $x + S(y) = S(x+y)$,
$x \cdot 0 = 0$, $\quad$ $x \cdot S(y) = x \cdot y + x$,
$\neg(x < 0)$, $\quad$ $x < S(y) \leftrightarrow x < y \lor x = y$,
Ind: $\varphi(0) \land \forall x(\varphi(x) \to \varphi(S(x))) \to \forall x \varphi(x)$.

不等号 < は定義によっても導入できますが，最初からあった方が論理式の階層を議論するのに都合がよいので入れてあります．PA において Ind の論理式 $\varphi(x)$ を Σ_i 論理式に制限した公理系を IΣ_i と呼びます．クリーネの標準形定理を応用して，各 i について，ある Σ_i 論理式 $\psi(e,x)$ が存在し，任意の Σ_i 論理式 $\varphi(x)$ は，ある e について $\psi(e,x)$ と同値になることが示せます．したがって，Σ_i 帰納法は，1つの論理式で表すことができ，IΣ_i は有限個の公理からなるとみなすことができます．他方，PA は有限個の公理では記述できません．

PA から Ind を完全に取り除いた体系を考えることもあります．その際，さらに記号 < とその公理も除去し，かわりにつぎの公理を加えると，「ロビンソン算術 Q」として知られる体系になります．

$$x \neq 0 \to \exists y(x = S(y)).$$

上の公理の右辺は，$\exists y < x(x = S(y))$ とも書けますから，IΣ_0 で証明可能です．ただし，Σ_0 は有界論理式のクラスです．

Q には数学的帰納法の公理がないので，すべての x について何かが成り立

つというような命題（例：$\forall x(0+x=x)$）の多くを証明できません．しかし，具体的な数に関する足し算や掛け算の計算をして，その結果が，ある等号を成り立たせるとか，そうでないとかは，きちんと証明できます．つまり，原始論理式 $s=t$ や $s<t$ が変数を含んでいなければ，真であるものを証明し，偽であるものはその否定を証明します．このことは，原始論理式を命題演算記号で結んで得られるような論理式についても同じで，さらに有界論理式についてもいえます．すなわち，有界論理式が自由変数を含んでいないとき，真であればそれは Q で証明でき，偽であればその否定が証明できます．

さらに驚くべきことに，真なる Σ_1 文はすべて Q で証明可能になります．これを Q の「Σ_1 完全性」といいます．意外にも証明は簡単です．Σ_1 論理式 $\exists x_1 \exists x_2 \ldots \exists x_k \varphi(x_1, x_2, \ldots, x_k)$ が真であれば，具体的な数 $n_1, n_2, \ldots, n_k$ が存在して，$\varphi(z(n_1), z(n_2), \ldots, z(n_k))$ が真です．ここで，$\varphi(z(n_1), z(n_2), \ldots, z(n_k))$ は有界な論理式ですから，真であれば証明可能です．あとは，1 階論理の法則から，$\exists x_1 \exists x_2 \ldots \exists x_k \varphi(x_1, x_2, \ldots, x_k)$ も証明可能になります．以下で扱う算術の体系は最低限 Q を包含している，つまり Q の拡大になっていることが仮定されます．したがって，どの算術体系 T も Σ_1 完全です．

原論文では，体系 T の ω 無矛盾性をつぎのように定義しました．「すべての自然数 n について $\varphi(z(n))$ が T で証明できる」とき，「$\exists x \neg \varphi(x)$ は T で証明できない」．しかし，不完全性定理の議論に使われる ω 無矛盾性は，この $\varphi(x)$ が（原始）再帰的に与えられる場合だけです．そこで，$\varphi(x)$ を Δ_1（すなわち Σ_1 かつ Π_1）に制限した場合の ω 無矛盾性を「1 無矛盾性」と呼ぶことにします．実際は，$\varphi(x)$ を有界論理式（Σ_0）としても同値になります．ω 無矛盾性は 1 無矛盾性より真に強く，1 無矛盾性は無矛盾性より真に強い性質です．たとえば，PA は ω 無矛盾であり，PA+¬Con(PA) は 1 無矛盾ではありませんが無矛盾です．ただし，Con (PA) は「PA は無矛盾である」を表す Π_1 文です．

証明可能な Σ_n 文がすべて真となる体系 T は「Σ_n 健全」であるといいます．すると，（Σ_1 完全な理論において）1 無矛盾性と Σ_1 健全性が一致することが示せます（証明してみましょう）．Σ_1 健全性の方が，主張がわかりや

すいので，こちらを 1 無矛盾性と呼ぶこともあります．

しかし，ω 無矛盾性から，任意の論理式のクラスの健全性がいえるわけではありません．ω 無矛盾性から Π_3 健全性は導けますが，Σ_3 健全性は一般に導けないことがわかります．後者の証明には，ゲーデルの対角線補題を応用します．T を真なる文からなる再帰的理論とし，「$T+\varphi$ が ω 無矛盾でない」と φ が（T 上で）同値になるような φ をとります．すると，φ は Σ_3 になっています．いま，もしも φ が真であれば，$T+\varphi$ も真なる文の集まりですから，当然 ω 無矛盾であり，φ は偽ということになって矛盾が生じます．よって，φ は偽でなければなりません．すると，$T+\varphi$ は ω 無矛盾ですが，偽な Σ_3 文 φ を証明することになります．

ここで，第一不完全性定理の正確な主張を述べておきます．

---第一不完全性定理---

T を言語 $\mathcal{L}_A$ における c.e. 理論，つまり公理の c.e. 集合で，Q のすべての定理を証明し，さらに 1 無矛盾であるとする．このとき，T において証明も反証もされない $\mathcal{L}_A$ の命題がある．

ゲーデルのオリジナルの定理との違いはつぎの 3 つの条件の一般化です．
1. （原始）再帰的理論でなくて，c.e. 理論．
2. P もしくは PA の拡大でなくて，Q の拡大．
3. ω 無矛盾でなくて，1 無矛盾．

2 と 3 の条件の一般化については，上で説明しました．1 については，つぎの定理から導かれます．

---クレイグの補題---

c.e. 理論 T に対し，それと同等な（同じ定理を証明する）原始再帰的理論 T' が存在する．

証明 T を c.e. 理論として，それを表現する Σ_1 論理式を $\varphi(x) \equiv \exists y \theta(x, y)$

(θ は Σ_0) とする．すなわち，$\sigma \in T \Leftrightarrow \varphi(z(\ulcorner \sigma \urcorner))$，ただし $\ulcorner \sigma \urcorner$ は σ のゲーデル数とする．そして，原始再帰的理論 T' を以下のように定義する．

$$T' = \{\overbrace{\sigma \wedge \sigma \wedge \cdots \wedge \sigma}^{n+1 \text{ 個}} : \theta(z(\ulcorner \sigma \urcorner), z(n))\}.$$

もちろん，σ と $\sigma \wedge \sigma \wedge \cdots \wedge \sigma$ は同値であるから，T と T' は同等であり，T' は原始再帰的であるから補題が証明された． □

さて，第一不完全性定理の証明の要は，表現定理でした．数論的関数 $f: N \to N$ が T において表現可能であるとは，ある論理式 $\varphi(x,y)$ が存在し，$f(m) = n$ となるすべての自然数 m, n に対して，

$$\varphi(z(m), z(n)) \wedge \forall y (\varphi(z(m), y) \to y = z(n))$$

が T で証明されることです．任意の再帰的関数のグラフが Σ_1 論理式でも Π_1 論理式でも記述できることに着目すれば，Σ_1 完全な T において再帰的関数が表現可能であることは比較的簡単に示せます．

さて，任意の $\mathcal{L}_A$ 論理式 $\varphi(x)$ に対し，ある文 σ が存在し，そのゲーデル数を $\ulcorner \sigma \urcorner$ とすれば，$\sigma \leftrightarrow \varphi(z(\ulcorner \sigma \urcorner))$ が T で証明されます（対角化補題）．そこで，「x は T で証明可能な (beweisbar) 論理式のゲーデル数である」ことを表す Σ_1 論理式 $\mathrm{Bew}_T(x)$ を構成し，$\varphi(x)$ を $\neg \mathrm{Bew}_T(x)$ として対角化補題を用いれば，証明も反証もできない命題 σ が得られるのです．ここの $\mathrm{Bew}_T(x)$ は論理式ですが，p.86 で導入した $\mathrm{Bew}(x)$ は c.e. な関係であったことに注意してください．

他方，決定不能性定理 (p.155) から第一不完全性定理を導くこともできます．まず，決定不能な c.e. 集合 K をとります．p.158 の c.e. の同値条件から，K は Σ_1 論理式 $\varphi(x)$ で定義できます．すなわち，$n \in K \Leftrightarrow \varphi(z(n))$ です．すると，Σ_1 完全で 1 無矛盾な理論 T については，$n \in K \Leftrightarrow$ "$\varphi(z(n))$ が T で証明可能" がいえます．したがって，$n \notin K \Leftrightarrow$ "$\varphi(z(n))$ が T で証明不可能" です．もしも T が完全であれば，右辺は "$\neg \varphi(z(n))$ が T で証明可

能" と同値になり，c.e. 理論 T に対してこのような n の集合は c.e. になりますから，K の補集合も c.e. となります．すると，p.154 の最後の段落の議論によって，K は決定可能となるので矛盾が生じます．以上から，Σ_1 完全で 1 無矛盾な c.e. 理論は必然的に不完全です（[23] を参照）．

つぎに，第二不完全性定理が成り立つ条件について考察します．これは第一不完全性定理の条件と若干異なりますので，それを述べる前に，ヒルベルトらの本 [1] における第二不完全性定理の証明の要点をみておきます．それは，まず $\mathrm{Bew}_T(x)$ に関する性質を捉えることなのですが，ここではその後レープ (1955) によって改良されたものを紹介します．

ヒルベルト–ベルナイス–レープの補題

$\mathrm{I}\Sigma_1$ を含む c.e. 理論 T に対して，$\mathrm{Bew}_T(x)$ はつぎの性質をもつ．

D1. $T \vdash \varphi \;\Rightarrow\; T \vdash \mathrm{Bew}_T(z(\ulcorner\varphi\urcorner))$.

D2. $T \vdash \mathrm{Bew}_T(z(\ulcorner\varphi\urcorner)) \wedge \mathrm{Bew}_T(z(\ulcorner\varphi \to \psi\urcorner)) \to \mathrm{Bew}_T(z(\ulcorner\psi\urcorner))$.

D3. $T \vdash \mathrm{Bew}_T(z(\ulcorner\varphi\urcorner)) \to \mathrm{Bew}_T(z(\ulcorner\mathrm{Bew}_T(z(\ulcorner\varphi\urcorner))\urcorner))$.

証明の概要 D1 は，$\mathrm{Bew}_T(z(\ulcorner\varphi\urcorner))$ が Σ_1 論理式であることに注目し，Σ_1 完全性からただちに得られる．D2 については，φ の証明と $\varphi \to \psi$ の証明を三段論法でつないだものが ψ の証明であることから明らか．最後に，D3 は D1 を T で形式化したものにすぎないが，その形式化の実行が難しい．D3 を証明するには，T における φ の証明から $\mathrm{Bew}_T(z(\ulcorner\varphi\urcorner))$ の証明を求める操作を原始再帰的な手続きとして表さなければならない．ここに帰納法が必要なため，T を $\mathrm{I}\Sigma_1$ を含む理論とする必要がある． □

さて，G をゲーデル文とします．つまり，

$$T \vdash G \leftrightarrow \neg \mathrm{Bew}_T(z(\ulcorner G\urcorner))$$

が成り立つとします．第一不完全性定理では，G が T で証明も反証もできない文であることを証明しました．他方，いま

$$\mathrm{Con}(T) \equiv \neg \mathrm{Bew}_T(z(\ulcorner 0 = 1 \urcorner))$$

とおくと，$\mathrm{Con}(T)$ は "T が無矛盾 (consistent) であること" を意味しています．ところが，D1, D2, D3 を使えば，比較的簡単に

$$T \vdash \mathrm{Con}(T) \leftrightarrow G$$

が導けるのです（[11] 第 3 巻第 II 部第 4 章を参照）．だから，T が無矛盾であれば，$\mathrm{Con}(T)$ は証明できません．したがって，つぎの主張を得ます．

第二不完全性定理

T を言語 $\mathcal{L}_A$ における c.e. 理論で，$\mathrm{I}\Sigma_1$ を含み，無矛盾であるとする．このとき，T において $\mathrm{Con}(T)$ は証明できない．

T が無矛盾であっても，自分自身の矛盾性 $\neg\mathrm{Con}(T)$ を証明することがあります．実際，$T = \mathrm{PA} + \neg\mathrm{Con}(\mathrm{PA})$ とおくと，PA から $\mathrm{Con}(\mathrm{PA})$ は証明されませんので，T は無矛盾です．しかし，T は $\neg\mathrm{Con}(\mathrm{PA})$ を証明しますので，$\mathrm{PA} \subset T$ となる T については，当然 $\neg\mathrm{Con}(T)$ を証明することになります．

ゲーデル以降，数学的に自然な意味をもつ算術命題で，ペアノ算術などから独立になるものをみつけることが懸案でしたが，パリスとハーリントンが 1977 年にその最初の例を与えました．これは，ラムジーの定理を少し変形させたものです．ラムジーの主張は，任意の n, m, k に対して，数 p が存在して，集合 $A = \{0, 1, \ldots, p-1\}$ の n 要素部分集合全体の m 分割をどのように定めても，k 個以上の要素を含む A の均質部分集合 H が存在するというものです．この定理は，$\mathrm{I}\Sigma_1$ で証明できます．パリス=ハーリントンの命題 PH は，均質集合 H の要素の個数が k 以上というだけでなく，その最小元 $\min(H)$ 以上でもあるという条件を加えるだけです．こう変更しても 2 階算術では証明できる真なる命題ですが，じつは PA の Σ_1 健全性と同値であって，PA からは証明できません．

彼らの発見に続いて，カービーとパリス (1982) は，グッドスタイン列に関する命題やヒドラ・ゲームに関する命題が PA から独立であることを示しました．さらに，フリードマンはクルスカルの定理 (1982) や，グラフ理論のロバートソン–シーモアの定理 (1987) が 2 階算術のある体系から独立であることを示し，さらに集合論に対しても種々の独立命題を発見しています ([5][6] を参照)．

A.4 文献案内

最初に，ゲーデルの定理についての総合的な解説として，以下の 4 冊をあげておきます．[4] 以外は専門家向けです．

[1] D. Hilbert and P. Bernays, *Grundlagen der Mathematik* I–II, Springer-Verlag, 1934–1939, 1968–1970 (2nd ed.). 吉田夏彦，渕野昌抄訳『数学の基礎』シュプリンガー・フェアラーク東京 (1993) がありますが，残念ながら不完全性定理の部分は訳出されていません．

[2] J. Barwise 編 *Handbook of Mathematical Logic*, North-Holland (1977) の中の C. Smoryński の論説 "The incompleteness theorems" は，この定理に関する新旧様々な結果を紹介しており，数学的に幅広い視点を与えてくれる素晴しい解説です．

[3] P. Lindström, *Aspects of Incompleteness*, Lecture Notes in Logic 10, 2nd ed, Assoc. for Symbolic Logic, A K Peters, 2003. 現在もっとも技術的に高度な解説本だと思います．演習問題もとても難しいです．

[4] P. Smith, *An Introduction to Gödel's Theorems*, Cambrige University Press, 2007. 一般向けの本として読み易いと思います．本書の副読本に利用してもいいかもしれません．なお，初刷には小さな間違いや誤植がたくさん含まれているので，なるべく新しい版を入手されることをお薦めします．

つぎに，パリス＝ハーリントンの仕事など最近の独立命題について関心がある方は，まず以下を手掛かりにしていただくのがよいと思います．

[5] 角田法也「組合せ的独立命題」．文献 [22] のパート C に所収．

[6] 山崎武「逆数学と 2 階算術」（とくに，3.1 節）．文献 [11] の第 3 巻第 2 部に所収．

計算可能性との関係については，上に引用した [3] が詳しいですが，下記の本も古典的な名著とされています．

[7] R.M. Smullyan, *Theory of Formal Systems*, revised edition, Princeton University Press, 1961.

本書では扱えませんでしたが，$\text{Bew}_T(x)$ を様相演算子 $\Box$ とみなす様相命題論理に関する R.M. Solovay の仕事 (1976) があります．この側面から不完全性定理を解説した本として，下記の 2 冊が薦められます．

[8] C. Smoryński, *Self-Reference and Modal Logic*, Springer, 1977.

[9] G. Boolos, *The Logic of Probavility*, Cambridge University Press, 1993.

それから，ゲーデルの定理について，幅広い視点を得るための本として，下記をお薦めします．

[10] T. フランセーン，田中一之訳『ゲーデルの定理――利用と誤用の不完全ガイド』みすず書房，2011.

最後に不完全性定理だけでなく，ゲーデルの様々な仕事とその20世紀の論理学への影響については，下記をご覧いただければ幸いです．

[11] 田中一之編『ゲーデルと20世紀の論理学』，全4巻，東京大学出版会，2006–2007.

以下は，本書の解説中に引用したその他の文献です．原論文の中の引用文献については，pp.145–147 にまとめてあります．

[12] M. Davis, *The Undecidable: Basic Papers on Undecidable Propositions, Unsolvable Problems, and Computable Functions*, Hewlett, Raven Press (1965). リプリント版：Dover (2004).

[13] S. Feferman, et al. (eds.), *Kurt Gödel, Collected Works, I-V*, Oxford Univ. Press, vol.I, (1986), II (1990), III (1995), IV, V (2003).

[14] K. Gödel, "Über formal unentscheidbare Sätze der Principia Mathematica und verwandter Systeme I", *Manatshefte für Mathematik und Physik*, **38** (1931), 173–198.

[15] K. Gödel（B. Meltzer 訳，R.B. Braithwaite 解説），*On Formally Undecidable Propositions of Principia Mathematica and Related Systems*, Basic Books (1962). リプリント版：Dover (1992).

[16] J. van Heijenoort, *From Frege to Gödel, A Source Book in Mathematical logic, 1879–1931*, Harvard University Press (1967).

[17] ヒルベルト＝アッケルマン，伊藤誠訳『記号論理学の基礎』大阪教育図書，1954.

[18] M. ジャキント，田中一之訳『確かさを求めて——数学の基礎についての哲学論考』培風館 (2007).

[19] S.C. Kleene, *Introduction to Mathematics*, North-Holland (1967). リプリント版：University of Tokyo Press (1972).

[20] B. Russell, *Principles of Mathematics*, Cambridge University Press (1903). 第 2 版 Norton (1938).

[21] J. R. Shoenfield, *Mathematical Logic*, Addison-Wesley (1967). リプリント版：A K Peters (2001).

[22] 田中一之編著『数学基礎論講義』日本評論社，1997.

[23] 田中一之『数の体系と超準モデル』裳華房，2002.

[24] A.N. Whitehead, and B. Russell, *Principia Mathematica* 第 2 版，Cambridge University Press (1925). 岡本賢吾，加地大介，戸田山和久訳・解説『プリンキピア・マテマティカ序論』哲学書房 (1988).

おわりに

　本書をお読みくださり，ありがとうございます．とはいっても，本文を全部読み終えてから，この後書きをご覧になっている方はどれくらいいらっしゃるでしょうか．難解な議論を追うのに途中で疲れて，あるいは行き詰まって，救いの手を求めて来られた方が多いのかもしれません．しかし，それに対する私の答えは，幾何学同様ロジックにも「王道はない」というものです．私には本文以上の妙策もありませんので，ここでは読者の気分転換をかねて，この本がつくられた経緯などを述べておきたいと思います．気楽に読んで精神安定剤にしていただければ幸いです．そして一息ついたら，また頑張って読み進んでほしいと願っています．

　ある料理家が，最近の日本人は噛んで味わう味の良さを忘れているといっていました．数学の論文も固い部分を取り除いてまる飲みし，喉ごしだけで味わうのではけっして自分のものにはできませんし，本当の面白味も湧かないはずです．ゲーデルの論文は確かにハードです．多くの人がその難しさについていろいろな意見を述べていますが，なかでも多いのは，数学基礎論やロジックの専門的な知識がないと歯が立たないというものでしょう．ところが，私の指導経験では，一般の人がこの論文を咀嚼するためにまず必要とするのは，何より整数論の基礎知識なのです．というのは，この論文の中で論理学の概念はたいてい明示的に示されていますので，いまやインターネットなどでも調べられますが，整数論の知識はほとんど暗黙の了解になっていて，調べようもないからです．整数論といっても，素因数分解の一意性とか，素数が無限個存在することなど，古典的な定理ばかりですが，それでも大学で数学を専攻した人でないと，それらを縦横に用いた議論を一人で追うことは

至難の業ではないでしょうか．にもかかわらず，これまでの解説者がこの点を指摘したり，説明したりしようとしなかった理由はわかりませんが，ともあれ，本書の第一の役目は，読者を数学的にアシストすることだと考えています．

その上で，当時の論理学の用語や記法についてなるべく平易に説明するようにしました．本文の解説でも述べましたように，ゲーデルは『プリンキピア・マテマティカ』[24] の論理記号と，ヒルベルト＝アッケルマン [17] の論理記号を併用し，意識的に使い分けています．この使い分けこそが，原論文の主題を理解する鍵になりますので，論理学の背景的知識もある程度は押えておかないといけません．なぜかこの点に注意を与えている一般向け解説書もこれまでなかったと思います．

じつは，本書は数学とは無縁な人たちを集めたある勉強会での私の講義が基になっています．その勉強会は，仙台往診クリニックの川島孝一郎院長のご厚意のもと，2008–9 年に 10 回ほどクリニックの会議室に 7, 8 名のゲーデル愛好家たちが集まり毎回 2–3 時間かけて行われました．クリニックの研究スタッフの千葉宏毅氏がその都度音声記録を文章化してくれたので，それをつぎの勉強会で回覧して修正したり，また別の機会に他の人たちにもみてもらったりして改訂を重ね，本書の元になる私家版教本ができあがりました．ちなみに，その後勉強会はフランセーン著『ゲーデルの定理』[10] の素訳をテキストにして約 1 年間続きましたが，震災の影響もあって現在は休止しています（フランセーンの本は，本書とは相補関係にある内容なので，あわせて読んでいただければ幸いです）．

勉強会を主催いただいた川島院長との出会いがなければ，この本が世に誕生することはけっしてありませんでした．ここで川島先生とスタッフの方々に厚くお礼申し上げたいと存じます．また，常連の参加者には私自身教えていただくことが多々あったのですが，お名前を出していいかどうかわからないので，ここに感謝の意だけ表しておきます．それから，何度か東京で勉強会を開催していただいた東京工業大学の鹿島亮先生にもたいへんお世話になりました．また，当時私の研究室で研究員をしていた薄葉季路博士（現名古屋大学）と根元多佳子博士（現スイス・ベルン大学）には，講演資料の整理

をお手伝いいただいたり，私家版作成にもご協力いただいたりして，とても助かりました．

その後，東京大学出版会から出版の話をいただいたのですが，私家版を出版用に書き直す作業もけっして楽なものではありませんでした．というのは，勉強会ではゲーデル全集 [13] に収録された独英対訳の論文をそのままテキストとしていたので，言語やタームが統一されていない上，全集をみながらでないと読めないようになっていたからです．本書はそもそも翻訳が主体の本ではありませんが，余計な苦労や混乱を避けるために，結局通しの私訳を付けるようにしました．この改訂作業の間，研究室の研究員や大学院生たち，そして研究仲間から多くのコメントをいただきました．とくに，榊原拓氏，堀畑佳宏氏，吉居啓輔氏，小本健司氏，樋口幸治郎氏からは原稿を改良する上でたいへん有益な助力を得ました．他にも一人一人お名前は上げられませんが，彼ら彼女らとの議論が，本書の完成度を上げる力になったのは間違いありません．これだけ多くの人の協力と後押しがあってできた原稿ですから，それを読むのも一気呵成には行かないのが当然でしょう．くり返しになりますが，どうぞゆっくり時間をかけて読んでいただければ幸いです．

本は原稿だけでできるものではありません．とくに本書では，イラストの存在が重要になっています．イラストレーターの藤村まりこさんは，5年前のゲーデルシリーズにも楽しいイラストを描いてくれましたが，今回ますますロジック的表現の深さが増した素晴らしい絵をたくさん創作してくれました．解説の補足として私から依頼したイラストも数枚ありますが，ほとんどは藤村さんご自身が私の原稿をみて得たインスピレーションを独自に絵にされたものです．その表現はベルギーのマグリットを連想させるとともに，それを陵駕する深みと味をもっていると思います．言葉による説明に疲れた読者は，どうぞ藤村さんのイラストの世界で頭をリフレッシュしてください．

私の解説の難しさをイラストとのコラボで緩和しようという編集部苦心の仕掛けがどこまで功を奏しているかは別にしましても，筆者としてはすごく多くの人に応援いただいていることをひしひしと感じています．遅筆の私がなんとかここまで到達できたのも，ひとえに編集部の熱意と技量のお陰です．もちろん，何か思わぬ不備があれば，その責任は筆者にあるのですが，編集

部とくに丹内利香さんのユニークな発想がこの企画を引っ張ってきたことは間違いなく，私自身あるときは読者気分で本の出来を楽しませてもらいました．皆さん，本当にありがとうございました．

　ゲーデルの証明はあたかも巨大なジグソーパズルのようであり，精密で無駄のないピースによって組み立てられています．完成したパズル全体を眺めるのも壮観ですが，ピースとピースのつながりがみせる繊細な調和にこそ，この天才の真骨頂があると思います．どうぞ焦らず時間をかけて，ゲーデルが奏でる論理の音色が聴き取れるまで，本書をくり返しお読みいただくようお願い申し上げます．時間と熱意さえあれば，この論文の素晴らしさを数学に無縁な人でも味わえることは実証済みです．

　では，本文の途中でここにいらした方は，もう一度戻って読み進んでください．また機会があれば，お目にかかりましょう．どうぞお元気で．

著者

索 引

ア 行

i.e.s. 125
アッケルマン関数 158
r.f.c. 125
1階（述語）論理 5, 125
イデアールな数学 7, 8
うそつきのパラドックス 33, 34
ω 無矛盾性 12, 27, 96, 106, 107, 161

カ 行

階 23
外延性公理 51, 85
階数（オーダー） 21
型 22, 23
——n の符号 45, 76
——上げ 47, 82
——数（タイプ） 21
κ 証明可能 102, 107, 138–141
含意（ならば） 26, 82
関係に関するパラドックス 35
（n 項）関係符号 46, 90
還元公理 21–23, 51
関数（の）合成 60, 117
完全 11
完全性定理 5
記号列のコード 30, 55
記述 128
基本論理式 45, 77
狭義述語論理 125–133
クライゼルの注意 144
クラス 21, 22

——符号 30, 46
クリーネの標準形定理 157
クレイグの補題 162
計算可能 105, 155
——な（部分）関数 157
計算的枚挙可能 154
形式体系 142
形式的に決定不能な命題 19
決定可能 11, 105, 154
（ゲーデルの）決定不能性定理 3
（チューリング，チャーチの）決定不能性定理 155
決定不能な命題 11, 124
決定問題 8
ゲーデル数 53, 56
ゲーデルの定理 3
ゲーデルの導出不能性定理 3
ゲーデル文 10
原始再帰的関数 58, 66, 155, 156
健全性 27, 36, 161
項 45
公理 22, 85, 96
公理的集合論 18, 20
個体 127

サ 行

再帰性 105
（関係符号が）再帰的 90
（関数，関係が）再帰的 60
再帰的定義 59
再帰的関係の表現定理 87, 152
再帰的関数 60–66, 69, 158
再帰的（部分）関数 155, 157

算術的　116
　——階層　159
三段論法　52
次数　60
自然数の対　120
指標　157
（変項が）自由　46, 79
充足可能　126
述語論理（関数計算）　18, 50, 84, 125
順序数のパラドックス　35
乗法公理　22
証明　29, 55
　——可能（な論理式）　29, 31, 36, 86
　——できない　31, 103
　——配列　86
数学基礎論　41
数項（数字）　45, 75
数列　119, 120
数論的関数　58
ゼノンのパラドックッス　34
ゼロ　43
選言　26, 46, 75
全称化　46, 52, 75
全称（記号）　26, 46, 100
選択公理　22
前置量化詞　26
（変項が）束縛される　46, 79
存在（記号）　26, 48, 82

タ　行

ダイアレクティカ解釈　5
第一不完全性定理　96–103, 143, 162
タイプ理論（分岐，単純）　21
第二不完全性定理　138, 143
代入　47, 80
単純タイプ理論　21
中国剰余定理　121–123
直接的帰結　52, 53, 86, 96
定記号　43
定義による同値　71
道具主義　8
同値　26, 48, 82

ナ　行

内包公理　23, 51, 85
2階算術　115

ハ　行

パリス＝ハーリントンの独立命題　153, 165
パラドックス　33–35
P　42, 47–53
PM　18, 22–24
否定　11, 26, 46, 75
ヒルベルトのプログラム　6–8
不完全性　3, 11, 110
　——定理　3, 5, 7, 19, 142
符号　45
部分関数　157
ブラリ・フォルティのパラドックス　35
プリンキピア・マテマティカ　18, 21, 34
文　46, 104, 152
分岐タイプ理論（階型理論）　21, 34
ペアノ算術 PA　42, 160
ペアノの公理　42, 49
ベリーのパラドックス　35
変記号　43, 44
変項　44, 75, 77, 79
変数　44, 116

マ　行

無限公理　22
無矛盾性　27, 138
命題論理　50, 83
メタ数の算術化　57, 58

ヤ　行

有界な（量化記号）　152
有限の立場　7

ラ　行

ライプニッツの法則　48
ラッセルのパラドックス　7, 21, 22, 34
リシャールのパラドックス　33, 35

量化記号　26, 84
レアールな数学　7, 8
連言（かつ）　26, 75, 82
連続体仮説　5

ロッサーの定理　144
ロビンソン算術 Q　160
論理定記号　26, 116
論理式　29, 46, 57, 58, 78, 84

著者略歴

田中一之（たなか・かずゆき）
 1955 年　生まれる．
 　　　　カリフォルニア大学バークレー校博士課程修了．
 現　　在　東北大学大学院理学研究科教授．Ph.D.
 主要著書　『数学基礎論講義』（編著，日本評論社，1997），
 　　　　『逆数学と 2 階算術』（河合文化教育研究所，1997），
 　　　　『数の体系と超準モデル』（裳華房，2002），
 　　　　『数学のロジックと集合論』（共著，培風館，2003），
 　　　　『ゲーデルと 20 世紀の論理学』（全 4 巻）
 　　　　（編著，東京大学出版会，2006–2007）他．

　　　　ゲーデルに挑む　　証明不可能なことの証明
　　　　　　2012 年 4 月 26 日　初　版

　　　　　[検印廃止]

著　者　田中一之
発行所　財団法人　東京大学出版会
　　　　代表者　渡辺　浩
　　　　113-8654 東京都文京区本郷 7–3–1 東大構内
　　　　電話 03–3811–8814　　Fax 03–3812–6958
　　　　振替 00160–6–59964
印刷所　三美印刷株式会社
製本所　矢嶋製本株式会社

　　　ⓒ2012 Kazuyuki Tanaka
　　　ISBN 978–4–13–063900–2　Printed in Japan

　　　R＜日本複製権センター委託出版物＞
　　　本書の全部または一部を無断で複写複製（コピー）することは，著作
　　　権法上での例外を除き，禁じられています．本書からの複写を希望さ
　　　れる場合は，日本複製権センター (03-3401-2382) にご連絡ください．

ゲーデルが残した茫洋たる知の遺産
田中一之［編］

ゲーデルと
20世紀の論理学（ロジック）［全4巻］

● A5判・上製カバー装・平均240頁・定価各巻（本体価格 3800 円＋税）

①ゲーデルの20世紀

②完全性定理とモデル理論

③不完全性定理と算術の体系

④集合論とプラトニズム